SITZUNGSBERICHTE DER SÄCHSISCHEN AKADEMIE
DER WISSENSCHAFTEN ZU LEIPZIG

Philologisch-historische Klasse
Band 129 · Heft 2

DETLEF DÖRING

SAMUEL PUFENDORF UND DIE LEIPZIGER GELEHRTENGESELLSCHAFTEN IN DER MITTE DES 17. JAHRHUNDERTS

AKADEMIE-VERLAG · BERLIN
1989

SITZUNGSBERICHTE DER SÄCHSISCHEN AKADEMIE DER WISSENSCHAFTEN ZU LEIPZIG

PHILOLOGISCH-HISTORISCHE KLASSE

Band 120

Heft 1 Prof. Dr. LIESELOTTE BLUMENTHAL, Mozarts englisches Mädchen 1978. 29 Seiten – 8° – M 3,–

Heft 2 Prof. Dr. HANS-JOACHIM DIESNER, Westgotische und langobardische Gefolgschaften und Untertanenverbände 1978. 32 Seiten – 5 Abbildungen – 8° – M 4,–

Heft 3 Prof. Dr. WALTER DIETZE, „Ein würdiger Lehrer der Menschheit zu werden . . ." Über Johann Gottfried Herders schriftstellerische Anfänge 1978. 22 Seiten – 8 ° – M 3,–

Heft 4 Prof. Dr. ROLF LIEBERWIRTH, Der Staat als Gegenstand des Hochschulunterrichts in Deutschland vom 16. bis zum 18. Jahr-hundert 1978. 28 Seiten – 8° – M 3,50

Heft 5 Prof. Dr. RUDOLF MEYER, Gegensinn und Mehrdeutigkeit in der althebräischen Wort- und Begriffsbildung 1979. 31 Seiten – 8° – M 3,50

Heft 6 Prof. Dr. WERNER NEUMANN, Aufgaben und Probleme der heutigen Bachforschung 1979. 25 Seiten – 8° – M 3,–

Band 121

Heft 1 Prof. Dr. KARL CZOK, Vorstädte. Zu ihrer Entstehung, Wirtschaft und Sozialentwicklung in der älteren deutschen Stadtgeschichte 1979. 28 Seiten – 8° – M 8,–

Heft 2 Prof. Dr. HANS-JOACHIM DIESNER. Politik und Ideologie im Westgotenreich von Toledo: Chindasvind 1979. 35 Seiten – 8° – M 4,50

Heft 3 Prof. Dr. JOACHIM MÜLLER, Die drametische Funktion von Mephistos Monolog in Goethes „Faust" I: „Verachte nur Vernunft und Wissenschaft . . ." (V. 1851–1867) 1980. 32 Seiten – 8° – M 3,–

Heft 4 Prof. Dr. Dr. KURT RUDOLPH, Antike Baptisten. Zu den Überlieferungen über frühjüdische und -christliche Taufsekten 1981. 40 Seiten – 8° – M 4,50

Heft 5 Prof. Dr. CLAUS TRÄGER, Lessing – Kritik und Historizität 1981. 34 Seiten – 8° – M 3,50

Heft 6 Prof. Dr. Albrecht Neubert, Zu einigen aktuellen Problemen der lexikalischen Semantik 1981. 20 Seiten – 8° – M 3,–

Band 122

Heft 1 Prof. Dr. JOACHIM MÜLLER, Der vierte Akt im Zweiten Teil von Goethes „Faust". Aktion und Bezüge 1981. 26 Seiten – 8° – M 3,–

Heft 2 Prof. Dr. GERHARD DUDEK, Lew Tolstoi – Künstlerische Entdeckung und ästhetische Herausforderung 1981. 20 Seiten – 8° – M 3,–

Heft 3 Prof. Dr. ZSIGMOND TELEGDI, Ein Beitrag zur Lehre vom sprachlichen Zeichen 1981. 36 Seiten – 8° – M 4,50

Heft 4 Prof. Dr. ROLF LIEBERWIRTH, Eike von Repchow und der Sachsenspiegel 1982. 50 Seiten – 8° – M 5,–

Heft 5 Prof. Dr. ERNST EICHLER, Ergebnisse der Namenforschung im deutsch-slawischen Raum 1982. 48 Seiten – 8° – M 4,50

Heft 6 Prof. Dr. SIEGFRIED WOLLGAST, Die Philosophie in Deutschland von der Reformation bis zur Aufklärung – Hauptetappen und Tendenzen 1982. 59 Seiten – 8° – M 6,–

Band 123

Heft 1 Prof. Dr. EBERHARD BRÜNING, Sinclair Lewis und die endgültige Emanzipation der amerikanischen Literatur 1982. 25 Seiten – 8° – M 3,50

Heft 2 Prof. Dr. Ernst Werner, Sultan Mehmed der Eroberer und die Epochenwende im 15. Jahrhundert 1982. 71 Seiten – 8° – M 7,50

Heft 3 Prof. Dr. Werner Neumann, Über das funktionale Wechselverhältnis von Vokalität und Instrumentalität als kompositionstechnisches Grundphänomen 1982. 30 Seiten – 8° – M 4,–

Heft 4 Prof. Dr. KARL CZOK, Über Traditionen sächsischer Landesgeschichte 1983. 44 Seiten – 31 Tafeln – 8° – M 8,–

Heft 5 Prof. Dr. Dr. KURT RUDOLPH, Wellhausen als Arabist 1983. 57 Seiten – 8° – M 6,–

Heft 6 Prof. Dr. TERENCE FREDERICK MITCHELL, Soziolinguistische und stilistische Aspekte des gesprochenen Arabisch der Gebildeten (Educated Spoken Arabic) in Ägypten und der Levante 1984. 22 Seiten – 8° – M 4,–

SITZUNGSBERICHTE DER SÄCHSISCHEN AKADEMIE
DER WISSENSCHAFTEN ZU LEIPZIG

Philologisch-historische Klasse
Band 129 · Heft 2

DETLEF DÖRING

SAMUEL PUFENDORF UND DIE LEIPZIGER GELEHRTENGESELLSCHAFTEN IN DER MITTE DES 17. JAHRHUNDERTS

AKADEMIE-VERLAG · BERLIN
1989

Vorgelegt in der Sitzung am 12. Februar 1988
von den Herren Lieberwirth und Wollgast
Manuskript eingereicht am 11. März 1988
Druckfertig erklärt am 2. Februar 1989

ISBN 3-05-000866-0
ISSN 0138-3957

Erschienen im Akademie-Verlag Berlin, Leipziger Str. 3–4, Berlin, DDR - 1086

Lizenznummer: 100/89
Printed in the German Democratic Republic
Gesamtherstellung: IV/2/14 VEB Druckerei „Gottfried Wilhelm Leibniz",
4450 Gräfenhainichen · 7150
LSV 0265
Bestellnummer: 755 046 4 (2026/129/2)

00500

INHALT

1. Samuel Pufendorfs Leipziger Studienzeit im Bild der Forschung

Zu den schmerzlichsten Desideraten der Forschung zur europäischen Geistesgeschichte der Neuzeit gehört die historiographisch bisher nur unzulänglich erschlossene deutsche Frühaufklärung (2. Hälfte 17. Jh./Anfang 18. Jh.). Sieht man einmal von dem Sonderfall Leibniz ab, so kann selbst von den führenden Vertretern der Wissenschafts- und Philosophiegeschichte jener Zeit (z. B. Christian Thomasius, Samuel von Pufendorf, Erhard Weigel, Christian Wolff, August Hermann Francke) nicht behauptet werden, daß die Quellen zu ihrem Leben und Werk hinreichend genug erfaßt, erschlossen und publiziert worden sind, um eine fundierte, überzeugende Gesamtdarstellung ihres Wirkens zu ermöglichen. Besonders problematisch gestalten sich die Verhältnisse bei Samuel von Pufendorf, dessen uns nur in groben Zügen bekannte Biographie dringend der näheren Aufhellung bedarf. Besitzen wir aus seiner Jugendzeit in Flöha und Grimma (1632–1650) kaum die dürftigsten Nachrichten, so bildet auch seine zwischen dem 18. und 24. Lebensjahr (1650–1656) in Leipzig verbrachte Studienzeit – wichtige und prägende Jahre in jeder Persönlichkeitsentwicklung – fast in gleicher Hinsicht einen weißen Fleck in unserem Wissen um seine Lebensgeschichte.

Am Beginn der Beschäftigung der neueren Historiographie mit Pufendorfs Biographie stehen die Namen von Harry Breßlau[1] und Heinrich Treitschke[2]. Beide berichten übereinstimmend – Breßlau mit wenigen Sätzen, Treitschke über mehrere Seiten hinweg[3] –, Pufendorf habe sich, angewidert vom sterilen und dogmatisch eingeengten Treiben der Leipziger lutherischen Orthodoxie, bald von dem ihm bestimmten Studium der Theologie abgewandt[4], um sich „mit planlosem Eifer auf alle Zweige des Wissens" zu wer-

1 S. die Einleitung Breßlaus zu seiner deutschen Übersetzung des „Severinus von Monzambano" (Historisch-politische Bibliothek, Bd. VII, Berlin 1870). Breßlau ist auch der Verfasser der Pufendorf-Biographie im 26. Bd. der ADB (Leipzig 1888, S. 701–708).

2 Heinrich von Treitschke, Samuel Pufendorf, in: Preußische Jahrbücher, 35. Bd. (1875), S. 614–655 und 36. Bd. (1875), S. 61–109. Auch enthalten in: H. v. Treitschke, Historische und politische Aufsätze, Bd. 4 (Leipzig 1897), S. 202–303.

3 Vgl. Breßlau, S. 8; Treitschke, S. 617–624. Treitschke entwirft mit schwungvoller Feder ein allerdings einseitig schwarz in weiß malendes Bild der Leipziger Universität in den Jahrzehnten nach dem Ende des Dreißigjährigen Krieges. Leipzig sei immer eine „hochkonservative Macht" gewesen und „niemals stand die Leipziger Gelehrsamkeit den lebendigen Kräften der Zeit so feindlich gegenüber wie in jenen Tagen." (S. 617)

4 Treitschke meint, dies sei bereits nach wenigen Wochen geschehen (S. 622).

fen.[5] Schließlich habe er sich auf Zureden seines Bruders Esaias vor allem der Rechtswissenschaft gewidmet. Die unerwähnte Quelle dieser gleichlautenden Darstellung Breßlaus und Treitschkes läßt sich rasch ermitteln. Es ist die erste, im Jahre 1710 erschienene und von Peter Dahlmann verfaßte Biographie Pufendorfs, die als Anhang zur deutschen Übersetzung des „Severinus de Monzambano" erschien.[6] Dort wird berichtet, Pufendorf habe sich anfangs „dem Studio Theologico" ergeben, um „darinne ein grosses avangement" zu gewinnen. Später hätte sich sein Interesse anderen Studien zugewandt, „worzu sein genie mehr incliniret".[7] Pufendorf habe nun begonnen, die ihm vermittelten „Weißheits- und Gelehrsamkeits-Gründe" auf die „Waagschale seiner Vernunft zu legen": „Derowegen consulirte er grösten Theils mit ungemeinem plaisir die todten und stummen Lehrer; diese waren die allerbesten und auserlesensten und raresten Bücher ... solche waren seine vornehmsten Professores, welche er bey sich herum führen und allenthalben lesen hören konte." Auf diesem Wege habe er seine kritische Haltung der Leipziger Universitätswissenschaft gegenüber gewonnen; alles was nach „Pedanterey schmeckte" sei ihm daher zuwider geworden. Aus dieser Vorgabe hat Treitschke die Geschichte vom stürmischen Feuerkopf gestaltet, der sich, die Dürftigkeit des Leipziger Studienbetriebes in kürzester Frist durchschauend, mit genialischer Geste von diesem Treiben abwandte. Nach einem verschwommenen Hinweis auf die von Dahlmann erwähnten Privatstudien Pufendorfs schreitet dann die Darstellung zu dessen Jenaer Zeit (1657) fort, die ihm zum prägenden Erlebnis seiner Jugend geworden sei. Pufendorfs sechseinhalbjähriger Aufenthalt in Leipzig besitzt dagegen höchstens die negative Bedeutung, seinen Haß gegen die lutherische Orthodoxie und die protestantische Neoscholastik geweckt zu haben.

Alle späteren Biographen haben sich an dieses von Treitschke vorgegebene Schema gehalten. Paul Meyer zufolge wandte Pufendorf dem Theologiestudium alsbald den Rücken zu, abgeschreckt durch den „verknöcherten Autoritätsglauben" und die „verwilderte Zanksucht" der Leipziger Theologen.[8] Ein Greuel wäre für Pufendorf außerdem

5 Treitschke, S. 622.

6 Der Verfasser verbirgt sich hinter dem Pseudonym Petronius Hartewigus Adlemansthal. Obwohl ein rascher Blick in eines der einschlägigen Lexika der Pseudonyme (z. B. E. Rassmann, Kurzgefaßtes Lexicon deutscher pseudonymer Schriftsteller, Leipzig 1830, S. 4) die Identität des Verfassers hätte klären können, ist dies in der mit Treitschke einsetzenden neueren Pufendorf-Forschung nicht geschehen. Im 18. Jh. hat man den wahren Autor noch gekannt (vgl. z. B. die wertvolle Informationen bietende, später völlig unbeachtet gebliebene Darstellung im „Historisch-Litterarisch-Bibliographischen Magazin", hrsg. von J. G. Meusel, 1. Stück, Zürich 1788, S. 27–37). Dahlmann soll (s. J. Chr. Adelung, Fortsetzung und Ergänzungen zu Chr. Gottlieb Jöchers allgemeinen Gelehrtenlexikon, 2 Bd., Sp. 604) in Leipzig Theologie studiert haben (in der Leipziger Matrikel jedoch nicht nachweisbar). Später lebte er in Halle. Da Dahlmann gerade zu Pufendorfs Leipziger Zeit einige wichtige biographische Informationen vermittelt, möchte man vermuten, daß er diese während seines Leipzig-Aufenthaltes sammeln konnte.

7 Dahlmann (Adlemansthal), S. 650 f.

8 Paul Meyer, Samuel Pufendorf. Ein Beitrag zur Geschichte seines Lebens, in: Jahresbericht der Fürsten- und Landesschule zu Grimma 1894/95, Grimma 1895 (Schulpr. 550).

der an der Universität herrschende Pennalismus gewesen.[9] Auch Oscar Malmström übernimmt in seinem von der bisherigen Forschung wenig beachteten Buch über Pufendorf als Historiker[10] ganz Treitschkes Schilderung des erstarrten, jeder Neuerung gegenüber hermetisch abgeriegelten geistigen Klimas an der Leipziger Universität. Pufendorf habe das Theologiestudium daher schleunigst fallenlassen, um sich, abgesehen von Theologie und Medizin, dem selbständigen Studium aller Disziplinen zuzuwenden.[11] Bei Erik Wolf heißt es lapidar: „Unter dem Eindruck der Lehre wie der Lehrer dieser Fakultät brach er jedoch sofort und endgültig den Bann der elterlichen Überlieferung, ließ die Gottesgelahrtheit fahren und studierte römisches Recht, Geschichte und Staatswissenschaften."[12] Nach Leonard Krieger bedurfte es „only a brief contact with the Leipzig style of theology to convice him that this discipline could provide no organizing principle for an active mind or for all the knowledge it had to operate upon."[13] Pufendorf stellte die theologischen Studien daher beiseite (into a corner of his mind), um sich ganz selbständigen Studien zu widmen. Immerhin billigt Krieger zu, daß Pufendorf mit reichem Wissen und mit ausgeprägtem Realitätsbewußtsein Leipzig verlassen habe. Das gleiche Bild wiederholt sich schließlich in dem jüngsten, von Horst Denzer verfaßten biographischen Abriß[14], der sich hinsichtlich der Jugendzeit Pufendorfs ganz auf dessen Jenaer Aufenthalt konzentriert: „Bestimmend für die spätere Entwicklung wurde die Zeit an der Universität Jena. Hier wandte er sich, beeinflußt von seinem Bruder Esaias, erstmals dem Feld seiner späteren Betätigung: der Ethik und Politik zu . . ."[15]

9 Der Pennalismus ist eines der wenigen Probleme der Leipziger Universitätsgeschichte des 17. Jh., das bisher eine breitere Berücksichtigung gefunden hat (z. B. W. Bruchmüller, Der Leipziger Student im Zeitalter des Pennalismus, in: Schriften des Vereins für die Geschichte Leipzigs, IX. Bd. (1909), S. 78–100). Die Quelle für die angebliche Ablehnung des Pennalismus durch Pufendorf ist mir bisher nicht bekannt geworden. Die hier angesprochenen Formen des studentischen Lebens wurden im 17. Jh. mit anderen Augen betrachtet, als dies dann im 19. Jh. der Fall war. Der Widerstand gegen das Verbot des Pennalismus ging gerade nicht zuletzt von den Betroffenen, von den Pennälen aus.

10 Oscar Malmström, Samuel Pufendorf och hans arbeten i Sveriges historia, Lund 1899.

11 Dabei gesteht Malmström zumindest objektiv günstige Bedingungen für Pufendorfs Leipziger Studium zu (Aufblühen der Stadt in der Nachkriegszeit). Die „dogmatiska hårklyfverier samt grälsjuka förkättrande af olika meningar motbjutande" (S. 4) habe diese Hoffnung jedoch zunichte gemacht.

12 Erik Wolf, Grotius, Pufendorf, Thomasius. Drei Kapitel der Gestaltgeschichte der Rechtswissenschaft (= Heidelberger Abhandlungen zur Philosophie und ihrer Geschichte, Bd. 11) Tübingen 1927.

13 Leonard Krieger, The Politics of Discretion. Pufendorf and the Acceptance of Natural Law, Chicago 1965, S. 14.

14 Horst Denzer, Pufendorf, in: Klassiker des politischen Denkens, 2. Band, München 1979[4], S. 27–52 und 371–373. Die angekündigte 5. Auflage stand mir noch nicht zur Verfügung.

15 Denzer, S. 32.

2. Die Leipziger Universität im 17. Jahrhundert

Diese sich von Breßlau und Treitschke bis zu Denzer von einer Untersuchung in die andere fortschleppende im wesentlichen negative Zeichnung der Studienzeit Pufendorfs in Leipzig hat natürlich ihre Gründe, die im Rahmen der vorliegenden Studie jedoch nur kurz berührt werden können.[16] So sehr die Feststellung allgemein anerkannt ist, daß die Geschichte der deutschen Frühaufklärung in einem kaum zu überschätzenden Maße mit dem sächsisch-thüringischen Raum verbunden ist[17], so bemerkenswert ist andererseits der Mangel an quellenmäßig fundierten Untersuchungen zur Geschichte der Leipziger Universität im 17. Jh., die nicht nur die am meisten frequentierte deutsche Hochschule jener Zeit war, sondern auch mit den Namen der bedeutendsten Vertreter der frühen Aufklärung (Leibniz, Pufendorf, Weigel, Thomasius, Wolff) engstens verbunden ist. Dom Thema wird von vornherein jede größere Bedeutung abgesprochen.

Es genügt ein Blick in einige neuere Publikationen, um dieses Urteil bestätigt zu finden. Zielt auch der Leipziger Historiker Max Steinmetz in seinem Vortrag „Glanz und Elend deutscher Universitäten im Zeitalter der Aufklärung“, der allein die auf dem Gebiet der DDR liegenden Hochschulen berücksichtigt, mit seinen Formulierungen nicht direkt auf die Verhältnisse in Leipzig, so bildet doch deren negative Einschätzung mit Sicherheit den Hintergrund seiner Aussagen: „Die Universitäten des ausgehenden 17. Jahrhunderts waren durchweg weithin erstarrt, verkrustet und auch zum großen Teil unfruchtbar geworden. Die Vorherrschaft der protestantischen Scholastik, alte Überlieferungen der Disputationen und Deklamationen hemmten die Weiterentwicklung ebenso wie das Festhalten an der alten Überlieferung der lateinischen Sprache in Lehre und wissenschaftlichen Veröffent-

16 Der Verfasser plant eine umfangreiche Untersuchung zur wissenschaftlichen Entwicklung der Leipziger Universität in der 2. Hälfte des 17. Jh., die auch die bisherige Forschungsgeschichte ausführlich zur Sprache bringen wird.

17 Vgl. zuletzt: Günter Mühlpfordt, Die „sächsischen Universitäten“ Leipzig, Jena, Halle und Wittenberg als Vorhut der deutschen Aufklärung, in: Wissenschafts- und Universitätsgeschichte im 18. und 19. Jahrhundert (=Abhandlungen der Sächsischen Akademie der Wissenschaften zu Leipzig, Phil.-hist. Klasse, Bd. 71, Heft 3) Berlin 1987, S. 25–50. Kritik an der These, Sachsen sei das „Kernland der bürgerlichen Aufklärung in Deutschland“, übt Siegfried Wollgast: Ehrenfried Walther von Tschirnhaus und die deutsche Frühaufklärung (=Sitzungsberichte der Sächsischen Akademie d. Wiss. zu Leipzig, Phil.-hist. Klasse, Bd. 128, Heft 1) Berlin 1988, S. 11. Die Ursprünge der Aufklärung lägen nicht allein in Sachsen, das sich durch die Vertreibung der Frühaufklärer vielmehr in eine gewisse Abseitsstellung manövriert habe. Sicher wird man im Voranschreiten der Forschungen zur Aufklärung zu einem auch geographisch differenzierteren Bild ihrer Entwicklung gelangen. Insofern ist den Einwänden von Wollgast unbedingt zuzustimmen. Andererseits verbaut der seit dem 19. Jh. übliche einseitige Blick auf die spektakulären Vorgänge um Thomasius und Francke die Einsicht in die Vielschichtigkeit des geistigen Lebens in Leipzig im ausgehenden 17. Jh. Auch führt es in die Irre, Orthodoxie und Aufklärung nur als gegensätzliche Positionen zu begreifen.

lichungen."[18] Ganz dieser Beurteilung entsprechend weiß auch der in Beitrag über die Entwicklung der Jahre 1539–1680 in der Festschrift zum 575. Jubiläum der Leipziger Universität über das wissenschaftliche Leben dieser Zeit eigentlich nichts zu berichten.[19] Selbst Notker Hammerstein, der bei aller Beachtung bestimmter Krisenelemente in der Geschichte der deutschen Universitäten des 17. Jahrhunderts auch deren Bedeutung herauszustreichen weiß[20] und für sich zugleich in Anspruch nehmen kann, einen der wenigen Beiträge mit wirklichem Erkenntnisgewinn zur Leipziger Universitätsgeschichte in der Zeit der Frühaufklärung vorgelegt zu haben[21], rühmt Treitschkes Zerrbild als die „plastischste Schilderung" und attestiert der Universität Unbeweglichkeit und Abneigung gegen jede Neuerung.[22]

Stellt man nun diesen Urteilen unseren wirklichen Kenntnisstand über das wissenschaftliche Leben Leipzigs und seiner Universität gegenüber, sollte doch die Einnahme vorsichtigerer Positionen als angeraten erscheinen. Wenn auch zu berücksichtigen ist, daß zu manchen der im folgenden genannten Probleme diese und jene relevante Untersuchung vorhanden ist, ohne jedoch in der bisherigen Historiographie eine genügende Beachtung gefunden zu haben, so ist doch das Folgende festzustellen: Weder gibt es eine systematische Übersicht über die Lehrkräfte der Universität[23] noch kennen wir den Inhalt ihrer Vorlesungen. Es gibt kaum Untersuchungen der von ihnen vorgelegten Publikationen. Der außerordentlich intensive und ausgedehnte Briefwechsel, den viele dieser Gelehrten unterhielten, ist überhaupt noch nicht erfaßt, geschweige denn einer Auswertung unterzogen worden. Bescheiden bzw. sehr zerstreut sind auch die Kenntnisse über die Bedingungen außerhalb des eigentlichen Universitätslebens: Privatgelehrte, Beziehungen des Bürgertums zur Kultur und Wissenschaft, Bibliotheken, allgemeines kulturelles Leben, Beziehungen zur literarischen und wissenschaftlichen Welt außerhalb Leipzigs.[24]

18 Max Steinmetz, Glanz und Elend deutscher Universitäten im Zeitalter der Aufklärung, in: Universitates studiorum saec. XVIII et XIX. Etudes présentées par la Commission Internationale pour l'histoire des Universités en 1977, Warschau 1982, S. 35–60, Zitat S. 41. Gegen eine solche einseitige Betrachtungsweise wendet sich z. B. Siegfried Wollgast, Zur Stellung des Gelehrten in Deutschland im 17. Jh. (Sitzungsberichte der Sächsischen Akademie der Wissenschaften zu Leipzig, Phil.-hist. Klasse, Bd. 125, Heft 2), Berlin 1984. Vgl. u. a. S. 41 u. 59.

19 Alma Mater Lipsiensis. Geschichte der Karl-Marx-Universität, hrsg. von Lothar Rathmann, Leipzig 1984. Auf den S. 55–75 behandelt G. Wartenberg die Entwicklung der Jahre 1540–1680.

20 Vgl. Notker Hammerstein, Universitäten des Heiligen Römischen Reiches deutscher Nation als Ort der Philosophie des Barock, in: Studia Leibnitiana, Bd. XIII/2 (1981), S. 242–266.

21 Notker Hammerstein, Jus und Historie. Ein Beitrag zur Geschichte des historischen Denkens an deutschen Universitäten im späten 17. und im 18. Jahrhundert, Göttingen 1972. Zur Leipziger Universität s. S. 267 ff.

22 Hammerstein, Jus und Historie, S. 268, Anm. 3.

23 Allein zur Theologischen und zur Juristischen Fakultät läßt sich aus der 1909 erschienenen mehrbändigen Festschrift ein ungefährer Überblick über die Namen der Professoren gewinnen.

24 Die bis Ende der fünfziger Jahre erschienene Literatur zu dieser Thematik ist, wenn auch mit nicht

Es kann nicht darum gehen, durch die Beschäftigung mit den eben angedeuteten Fragen das im Grauton gehaltene bisherige Bild der Leipziger Universität in sein Gegenteil zu verwandeln. Wollen wir jedoch die Bedingungen und Einflüsse, unter denen Persönlichkeiten wie Leibniz, Thomasius, Pufendorf usw. ihre Jugendzeit verbrachten, wirklich verstehen, müssen wir uns den erwähnten Aufgabenstellungen zuwenden. Es genügt nicht, allein auf die spätere Kritik jener Denker an ihren Ausbildungsstätten und auf den als anerkannte Tatsache geltenden Verfall der deutschen Universitäten hinzuweisen.[25] Auch die Heroen der Geistesgeschichte wurden zuerst von den Bedingungen ihrer Zeit und ihrer Umgebung beeinflußt, auch wenn sie in ihrem Wirken später zu deren Veränderung beitrugen. Daß die hier angeregten Studien freilich auch unabhängig von aller Beschäftigung mit der Biographie „revolutionärer Denker" ihre Bedeutung besitzen, sei an dieser Stelle nur am Rande vermerkt. Im folgenden soll es lediglich um einen, allerdings besonders wichtigen Ausschnitt aus der angesprochenen Themenpalette gehen.

3. Leipziger Gelehrtengesellschaften in der Mitte des 17. Jahrhunderts

In der obigen Überblicksdarstellung über die in der Literatur getroffenen Aussagen zu Pufendorfs Studium in Leipzig ist ein Punkt bewußt ausgespart geblieben. Als das einzige positive, ihn geistig befruchtende Erlebnis während seines Aufenthaltes in der Messestadt wird zumindest von einigen Biographen die Mitgliedschaft im Collegium Anthologicum registriert. In dieser Gelehrtengesellschaft habe Pufendorf mit gleichgesinnten Freunden einen Austausch der Gedanken betrieben, wobei sich auch die Lebenslust in gemeinsamen Gesängen Ausdruck verschafft habe. Mitunter wird Pufendorf sogar als Gründer der Gesellschaft genannt (so bei P. Meyer). Nun war das Collegium Anthologicum keine vereinzelte Erscheinung jener Jahre, sondern bildete mit zwei anderen Vereinen (Collegium Gellianum, Collegium Conferentium) eine ganze Gruppe von Gelehrtengesellschaften, deren Einfluß auf das Geistesleben in Leipzig von der Mitte des 17. Jh. bis zum Beginn des 18. Jh. nicht unterschätzt werden darf. Dafür sprechen u. a. ihre Langlebigkeit, ihr noch näher zu beachtender Zusammenhang mit der Entstehung der „Acta Eruditorum" und die Namen der Mitglieder, zu denen beispielsweise auch Leibniz zu zählen ist.[26] Auf den

unerheblichen Lücken, in der mehrbändigen Leipzig-Bibliographie erfaßt worden (Bibliographie zur Geschichte der Stadt Leipzig, 2 Hauptbände mit Registerband, 4 Sonderbände, Weimar 1957–1977).

25 Es ist auffällig, daß man innerhalb der Unmengen an Literaturtiteln zu Leibniz vergeblich nach einer befriedigenden Darstellung seiner Leipziger Zeit sucht. Zwei Aufsätze über seine Beziehungen zu Jakob Thomasius dürften die einzigen größeren Untersuchungen über den Einfluß des Leipziger Geisteslebens auf Leibniz darstellen (vgl. Leibniz-Bibliographie, hrsg. von Albert Heinekamp, Frankfurt/M. 1984[2]). Vgl. jedoch die Arbeiten von W. Kabitz.

26 Da sich gerade zum Collegium Conferentium lediglich das Rationarium, in dem auch Einträge Leibniz' zu finden sind, erhalten hat (Ms 2627 der UB Leipzig), läßt sich nur wenig über die mögliche Bedeutung dieser Gesellschaft für Leibniz aussagen. Immerhin können gewisse Rück-

folgenden Seiten soll erstmals ein detailliertes Bild dieser Gelehrtengesellschaften entworfen werden, wobei wir uns stärker auf das Collegium Anthologicum und auf die Zeit Pufendorfs, also auf die fünfziger Jahre konzentrieren wollen. Da jedoch das Collegium Anthologicum in seinen wesentlichsten Erscheinungsformen ganz von dem zuvor gegründeten Collegium Gellianum abhängig ist, empfiehlt es sich, zumindest eine Skizze dieser bereits in den vierziger Jahren gegründeten Gesellschaft voranzustellen. Dazu kommt, daß Esaias Pufendorf, dessen großer Einfluß auf die Entwicklung des Bruders Samuel unumstritten ist, Mitglied des Collegium Gellianum war, sich daraus also auch eine indirekte Beziehung Samuels zu dieser älteren Leipziger Gründung ergibt.

3.1. Literatur und Quellen zur Geschichte der Leipziger Gelehrtengesellschaften

Die ersten Darstellungen der Geschichte der Leipziger Sozietäten stammen aus dem frühen 18. Jh., aus einer Zeit, in der das Collegium Anthologicum als langlebigste aller drei Verbindungen noch existierte. Burkard Gotthelf Struve berichtet in seiner „Introductio ad notitiam rei litterariae"[27] allein über das Collegium Gellianum: Es sei von Caspar Ziegler, Johannes Strauch und Johannes Schilter gegründet worden; aus ihm sei, dies ist überhaupt der früheste Beleg jener Behauptung, die Societas Collectorum Actorum Eruditorum hervorgegangen. Angaben zu den anderen beiden Gesellschaften finden sich in der Vorrede zum 1. Band der „Miscellanea Lipsiensia" (1716), die von Friedrich Pezold verfaßt wurde, der selbst vier Jahre Senior des Collegium Anthologicum gewesen war. Dürftige und ungenaue Informationen bietet Christoph Ernst Sicul.[28] Bei ihm findet sich erstmals die Angabe, daß Pufendorf der Gründer des Collegium Anthologicum gewesen sei. Nicht viel genauer sind die Bemerkungen Glafeys in seinem „Kern der Geschichte Sachsens"[29], der die Bedeutung der Kollegien rühmt[30] und die damit in einem Kontrast stehende Dürftigkeit der überkommenen Nachrichten bedauert. Die einzige über vage Andeutungen hinausgehende, ausführliche Darstellung aller drei Kollegien gibt die 1733 erschienene, von Georg Christian Gebauer verfaßte „Collegiorum Lipsiensium Gelliani et Anthologici historia"[31]. Gebauer konnte sich auf die Protokollbände stützen, die von den Gesellschaften

schlüsse aus dem Charakter und der Tätigkeit der anderen beiden Vereine in Leipzig gezogen werden. Dem Rationarium nach zu urteilen, muß die äußere Organisation des Collegium Conferentium ganz an dem Vorbild der älteren Gründungen orientiert gewesen sein. Vgl. Paul Ritter, Neue Leibniz-Funde, in: Abhandlungen der Königl. Preuss. Akademie der Wissenschaften, 1904, Anhang, zu dem Rationarium s. S. 45 f.

27 Mir stand allein die 2. Auflage von 1706 zur Verfügung. Die erste Ausgabe erschien 1704.

28 Christoph Ernst Sicul, Supplement zu des neu-angehenden Leipziger Jahr-Buchs Ersten Probe auf das 1715 Jahr, Leipzig 1715, S. 189 f.

29 Adam Friedrich Glafey, Kern der Geschichte des Hohen Chur- und Fürstlichen Hauses zu Sachsen, Nürnberg 1753⁴, S. 648 ff.

30 „Die renommirtesten Professores sind Mit-Glieder davon gewesen." (Glafey, S. 649)

31 Enthalten in: G. Ch. Gebauer, Anthologicarum Dissertationum Liber, Leipzig 1733, S. IX bis CXXVIII.

angelegt und geführt worden waren, was den bis heute gültigen Quellenwert seiner „Historia" ausmacht.[32] Gebauer gibt mit biobibliographischen Angaben versehene Listen der Mitglieder wieder, bringt einige Proben der innerhalb des Collegium Gellianum verfaßten Dichtungen und vermittelt schließlich einige Notizen über die während der Sitzungen behandelten Themen, wobei jedoch allein das Collegium Gellianum nähere Berücksichtigung findet. Das Collegium Anthologicum wird, abgesehen von dem ausführlich kommentierten Mitgliederverzeichnis, allein durch einige knappe Auszüge aus den Statuten berücksichtigt.

Die wenigen späteren Erwähnungen der Leipziger Gelehrtengesellschaften stützen sich alle direkt oder indirekt auf Gebauers Arbeit und bieten daher kaum weiterführende Informationen.[33] Daran haben auch die Forschungen zur Entstehung der „Acta Eruditorum", die ja schon Struve in einen Zusammenhang mit den Kollegien brachte, nichts geändert. In Anlehnung an die Ausführungen Gebauers und Struves sieht Joachim Kirchner in der Tätigkeit der Gesellschaften die entscheidende Wegbereitung für die schließliche Gründung der „Acta".[34] Einen breiten Raum nimmt die Darstellung der Leipziger Sozietäten in der neusten und grundlegenden, von A. H. Laeven verfaßten Arbeit zur Frühgeschichte der „Acta" ein[35], die sich in der Hauptsache jedoch ebenfalls auf Gebauer bezieht. Laeven sieht in den Kollegien Wegbereiter der Aufklärung gegen das in Leipzig herrschende System der Neoscholastik[36], Pioniere im Kampf um die Überwindung der neuerungsfeindlichen lutherischen Orthodoxie durch die herandrängenden Ideen der Epoche der Aufklärung. Diese Thesen, die Verbindung der Kollegien zur Entstehung der „Acta Eruditorum" und damit zur Herausbildung der Frühaufklärung, sind für alle weiteren Forschungen von erheblicher Bedeutung, müßten aber quellenmäßig unbedingt näher begründet werden, da Gebauers und Struves Veröffentlichungen aus einer Zeit stammen, die Jahrzehnte nach der Gründung der Kollegien und der Schaffung der „Acta" liegt. Die

32 Es müssen damals auch noch wenigstens das Statut und das Mitgliederverzeichnis des Collegium Conferentium vorhanden gewesen sein, da Gebauer daraus zitiert bzw. die Mitglieder aufführt.

33 Genannt seien nur: B. G. Struve, J. F. Jugler, Bibliotheca historiae litterariae selecta, Tom. II, Jena 1761, S. 825 f. und Tom. III, Jena 1763, S. 2022–2024. J. J. Schulze, Abriß einer Geschichte der Leipziger Universität im Laufe des 18. Jahrhunderts, Leipzig 1810, S. 216–222.

34 Joachim Kirchner, Zur Entstehungs- und Redaktionsgeschichte der Acta Eruditorum, in: Archiv f. Buchgewerbe u. Gebrauchsgraphik, Jg. 1928, Heft 4, S. 75–89. Auch in: J. Kirchner, Ausgewählte Aufsätze, Stuttgart 1970, S. 153–172.

35 Augustinus Hubertus Laeven, De „Acta Eruditorum" onder Redactie van Otto Mencke. De Geschiedenis van een internationaal Geleerdenperiodiek tussen 1682 en 1707 (= Studies van het Institut voor intellectuele Betrekkingen tussen de Westeuropese Landen in de Zeventiende Eeuw, Bd. 13), Amsterdam 1986. Vgl. meine ausführliche Rezension dieses Werkes in der Deutschen Literaturzeitung (Jg. 1988, Sp. 145–149).

36 „Zoals elders onstonden ook te Leipzig in deze kleine kringen geleidelijk aan nieuwe ideeën, waarvoor in de offciële programma's van de verstarde universiteit nog geen ruimte was. Hier werd de weg naar de Verlichting bereid, terwijl de traditionele en orthodoxe krachten binnen de universiteit zich moeite gaven ‚das Bewährte zu bewahren'." (S. 20)

dort getroffenen Aussagen können nicht unreflektiert auf das 17. Jh. übertragen werden.[37]

Da, wie wir noch sehen werden, im Collegium Gellianum auch die Pflege der Musik und des Gesanges Beachtung fand, ist das Thema Leipziger Gelehrtengesellschaften auch auf das Interesse der Musikwissenschaft gestoßen, ohne daß beide Forschungsrichtungen, die wissenschaftshistorische und die musikgeschichtliche, bisher voneinander Notiz genommen hätten. Ernst Ludwig Gerber sah zu Beginn des 19. Jh. im Collegium Gellianum gar den direkten Vorläufer des Gewandhausorchesters, eine Theorie, die von der späteren Literatur allerdings nicht übernommen worden ist.[38] Hier ist vor allem auf Arnold Scherings Leipziger Musikgeschichte zu verweisen[39], deren wissenschaftlicher Wert durch das Fehlen jeglicher Quellenangaben allerdings erheblich gemindert wird. Schering bringt auch als erster, soweit ich sehe, den für die Musikgeschichte des 17. Jh. so wichtigen Johannes Rosenmüller mit dem Collegium Gellianum in Verbindung.[40] Er soll dort durch C. Ziegler, den Schering als Gründer der Gesellschaft ansieht, eingeführt worden sein. Ziegler selbst hat sich durch seinen Einsatz für das Madrigal bleibenden Ruhm gesichert. Überhaupt habe man, so Schering, auf den „Versammlungen dieses jungen Leipziger Künstlerkreises" Fragen über „die beste Art der musikalischen Lyrik" behandelt. Noch über Schering hinaus geht Otto Brodde, der im Collegium Gellianum eine von Ziegler zur Pflege der „jeweils neuesten Gesellschaftsmusik" gegründete Verbindung sieht.[41] Auch vermutet Brodde, daß Heinrich Schütz an den Zusammenkünften des Kollegiums teilgenommen habe. Dies sei schon aus der engen Bekanntschaft zwischen Ziegler und Schütz zu erschließen.[42] Aus Broddes Darstellung ist diese Annahme schließlich mit noch

37 Gebauer gibt am Schluß seiner Darstellung eine Schilderung der im Collegium Anthologicum herrschenden Atmosphäre (S. 127 f.). Es ist aber zu beachten, daß Gebauer das Collegium seiner Zeit, also der dreißiger Jahre des 18. Jh. meint, auch wenn es heißt: „In hunc modum Collegium nostrum nunc annum agit septuagesimum nonum." Aus welcher Quelle wiederum Struves Mitteilung stammt, in den Collegien seien vor allem Bücher besprochen worden, ist nicht erkennbar.

38 Ernst Ludwig Gerber, Neues historisch-biographisches Lexikon der Tonkünstler, 3. Theil, Leipzig 1813, Sp. 643.

39 Arnold Schering; Musikgeschichte Leipzigs, 2. Band: 1650–1723, Leipzig 1926, S. 125 ff. Der wissenschaftliche Wert dieser Arbeit wird durch das gänzliche Fehlen von Quellen- und Literaturangaben gemindert.

40 Vgl. August Horneffer, Johann Rosenmüller (ca. 1619–1684), (Diss.) Berlin 1898. Horneffer berichtet zwar über Rosenmüllers freundschaftliche Beziehungen zu Caspar Ziegler (S. 28 ff.), erwähnt das Collegium jedoch mit keiner Silbe. Es ist daher nicht erkennbar, woher Schering seine Mitteilung bezogen hat.

41 Otto Brodde, Heinrich Schütz. Weg und Werk, Berlin 1985 (Erstausgabe Kassel 1972), S. 202 f.

42 Vgl. Schütz' Brief an Ziegler vom 11. 8. 1653 (H. Schütz, Gesammelte Briefe und Schriften. hrsg. von Erich H. Müller (= Deutsche Musikbücherei, Bd. 45), Regensburg 1931, S. 235 f.). Brodde neigt überhaupt zu Spekulationen. Aus der Tatsache, daß David Schirmer während seiner Zeit in Leipzig mit Ziegler bekannt wurde, leitet er z. B. ab, daß Schirmer ein Mitglied des Collegium Gellianum war, wo er wiederum Schütz kennengelernt haben soll. Ein Blick in die bei Gebauer abgedruckte Mitgliederliste zeigt, daß Schirmer der Gesellschaft nicht angehörte.

weiteren Ausschmückungen in Gregor-Dellins umfangreiche Schütz-Biographie übergegangen.[43]

Wir sind nun in der glücklichen Lage, durch einen vor mehreren Jahren gelungenen Quellenfund unser Wissen über die Leipziger Gelehrtengesellschaften auf eine ganz neue Grundlage stellen zu können.[44] Es handelt sich um die Protokolle, die über die einzelnen Sitzungen des Collegium Gellianum und des Collegium Anthologicum angelegt wurden und die Gebauer bisher als einziger zu benutzen wußte.[45] Die Bände, zehn an der Zahl, befinden sich heute im Besitz der Leipziger Universitätsbibliothek (Mss 2617–2626).[46] Drei Handschriften sind dem Collegium Gellianum zuzurechnen (Mss 2617–2619), sieben Bände gehörten dem Collegium Anthologicum (2620–2626). Der erste Band des Collegium Gellianum (Ms 2617) trägt die Bezeichnung Volumen II und setzt mit dem 11. 9. 1642 in seiner Berichterstattung ein. Ein vorausgegangener, wohl recht schmaler erster Protokollband mit den Aufzeichnungen über die Zusammenkünfte von der Gründung des Collegiums (28. 11. 1641) bis zum September 1642 war schon zu Gebauers Zeiten nicht mehr vorhanden. Die auf uns gekommenen Volumina II–IV setzen dann jedoch die Überlieferung lückenlos (s. aber Anm. 47) bis zur Auflösung des Kollegiums (1673) fort.[47] Lückenhafter ist die Quellenlage zur Geschichte des Collegium Anthologicum. Erhalten haben sich lediglich die Protokolle der ersten neun Jahre seines Bestehens (1655–1664) sowie der Jahre 1685–1690 und 1700–1703.[48] Dabei ist jedoch zu berücksichtigen, daß die

43 Martin Gregor-Dellin, Heinrich Schütz. Sein Leben. Sein Werk. Seine Zeit, Berlin 1985 (Erstausgabe München 1984), S. 270 f.

44 Über diese Entdeckung habe ich bereits in folgendem Aufsatz berichtet: Unbekannte Quellen zur Geschichte der Leipziger Universität aus dem Bestand der Handschriftenabteilung der Universitätsbibliothek Leipzig, in: Jahrbuch für Regionalgeschichte, Bd. 15/1 (1988), S. 244–262.

45 Eine Ausnahme bildet, soweit ich sehe, eine Arbeit von Hans Mewes, Beiträge zur Geschichte des geographischen Unterrichts an der Universität Leipzig von der Gründung bis zum Ende des 17. Jh., Dresden 1937 (Diss.).

46 Die Provenienz der Handschriften ist noch ungeklärt. Die drei Bände des Collegium Gellianum will Gebauer, der diese Quelle intensiv nutzte, durch den Rektor der Leipziger Thomasschule, Johann Matthias Gesner, erhalten haben (Gebauer, S. XVI). Bereits Glafey will davon gehört haben, daß sich in der Universitätsbibliothek Materialien der Gelehrtengesellschaften befinden. Die Existenz aller Handschriften ist erstmals in einem „Catalogus Manuscriptorum" der Leipziger Universitätsbibliothek aus dem Beginn des 19. Jh. nachweisbar, der sich heute in der Sächsischen Landesbibliothek Dresden befindet (R 136, Nr. 16, zu den hier gemeinten Mss s. Bl. 13). Dort werden allerdings 11 Bände gezählt (9 in 4^{0}, 2 in 8^{0}). Demnach muß in der Folgezeit ein Band verlorengegangen sein.

47 Aus Band III (Ms 2619) hat man später die Protokolle der Jahre 1661–1666 herausgetrennt. Sie sind heute nicht mehr vorhanden.

48 Die folgende kurze Beschreibung der einzelnen Handschriften richtet sich nach der chronologischen Ordnung der Bände.
Ms 2622: 274 Bll. Bl. 1^r–2^r: Mitgliederverzeichnis. Bl. 4^r–10^r: Statuten. Bl. 16^r–274^v: Protokolle der Jahre 1655–1664

Gesellschaft in den Jahren 1673–1685, 1698/99 und 1711–1715 nicht existent war. Nach 1734 löste sie sich endgültig auf.[49]
Den Hauptinhalt der Protokolle beider Kollegien bilden die von den Referenten geforderten schriftlichen Fassungen ihrer Vorträge (s. das folgende Kapitel). Unregelmäßig wird über die An- bzw. Abwesenheit der einzelnen Mitglieder und über die sonstige Tätigkeit der Kollegien berichtet. Alle Texte sind ausschließlich in lateinischer Sprache abgefaßt worden. Da die Angabe des zu behandelnden Themas in der Form einer Überschrift in fast jedem Falle fehlt, ist es notwendig, jeden Text wenigstens anzulesen, um den Inhalt in Erfahrung zu bringen. Der Umfang der Berichte schwankt zwischen 6 Seiten und wenigen Zeilen. Die Gesamtzahl der in allen Bänden protokollierten Vorträge dürfte sich nach einer groben Schätzung auf ca. 3000 belaufen.

3.2. Das Collegium Gellianum

Da der erste Band der Protokolle des Kollegiums verlorengegangen ist, sind uns etwaige dort enthaltene Nachrichten über die Gründung der Gesellschaft nicht überliefert worden. Die konstituierende Sitzung fand am 1. Advent des Jahres 1641 (28. 11.) statt. Zum Zeitpunkt des Einsetzens der schriftlichen Überlieferung zählte das Collegium folgende Mitglieder (nach der Reihenfolge der Mitgliederliste im Ms 2617): Friedrich Rappolt, Johannes Strauch, Theophil Coler, Georg Friedrich Ungebauer, Gottfried Knauth, Samuel Lange und Caspar Ziegler.[50] Von wem die eigentliche Initiative zur Gründung ausging, ist schwer festzustellen. Die schon im 18. Jh. zu findende[51] und von der musikwissenschaftlichen Literatur über Gerber (s. Anm. 38) aufgegriffene Behauptung, daß Ziegler die

Ms 2620: 114 Bll. Enthält Protokolle der Sitzungen 1685–März 1686, die in der Zählung der Konvente eine ungerade Zahl tragen. Bl. 84r–99v: Verzeichnis der Einnahmen und Ausgaben des Vereins von 1686 bis 1701
Ms 2623: 125 Bll. Enthält die Protokolle der Sitzungen der Jahre 1685–1686, die in der Zählung der Konvente eine gerade Zahl tragen (bis zur Sitzung am 20. 3. 1686) bzw. eine ungerade Zahl (25. Sitzung vom 20. 3. 1686 bis zur 53. Sitzung)
Ms 2624: 183 Bll. Enthält die Protokolle der Sitzungen vom April 1686 (26. Sitzung) bis zur 145. Sitzung im Jahre 1690 (bis zur 52. Sitzung nur die mit gerader Zählung, ab der 55. Sitzung die aller Versammlungen)
Ms 2625: 280 Bll. Protokolle der Sitzungen 1700–1703 (289.–365. Sitzung)
Ms 2626: nur 22 Bll. beschrieben. Protokolle der 366.–369. Sitzung
Ms 2621: Enthält nur die Statuten in einer überarbeiteten Fassung (um 1700) und ein vollständiges Verzeichnis der Mitglieder.

49 Aus der Spätzeit des Collegium Anthologicum haben sich einige an die Gesellschaft gerichtete Briefe erhalten (Ms 0339 der UB Leipzig). Das letzte dort zu findende Schreiben, eine Bitte um Aufnahme in das Collegium, ist vom 22. 10. 1734.

50 Christian Ziegenhorn und Samuel Avenarius, die an vierter bzw. achter Position angeführt werden, müssen im September 1642 das Kollegium bereits wieder verlassen haben, da sie nirgends Erwähnung finden.

51 So bei Claudius Sincerus, Vollständige Leben und Schrifften grosser Juristen, 2. Bd., Wittenberg 1713, S. 34.

entscheidende Rolle gespielt habe, läßt sich auf Grund der Quellen nicht bestätigen. Da die Versammlungen bis zum Jahre 1652 im Hause Strauchs stattfanden, er auch 1642 bei der Feier zum einjährigen Bestehens des Kollegiums die Festrede hielt, möchte man eher ihm eine gewisse integrierende Funktion zuschreiben.

Leider existiert keine befriedigende Gesamtdarstellung zu den deutschen Gelehrtengesellschaften des 17. Jh., die es erlauben würde, die Leipziger Verbindungen historisch entsprechend einzuordnen.[52] Von der ihnen vorausgegangenen naturwissenschaftlich ausgerichteten „Societas Ereneutica" des Joachim Jungius, die als älteste Gelehrtengesellschaft Deutschlands gilt, trennt sie ihr theologisch-philologischer Charakter. Einem im Rationarium des Collegium Anthologicum enthaltenen, wahrscheinlich um 1700 geschriebenen Rückblick auf die Anfänge dieses Kollegiums, das in seinem Charakter jedoch weitgehend dem Vorbild des 1641 gegründeten Vorgängers entspricht, ist zu entnehmen, daß es in Anlehnung an die Akademien in Italien, England und Frankreich ins Leben gerufen worden sei.[53] Da sich die später so berühmt gewordenen englischen und französischen Sozietäten damals selbst erst in ihrer Gründungsphase befanden, ist es fraglich, inwieweit dieser Bemerkung ein Wert zuzubilligen ist. Auch fehlte den Leipziger Gründungen zumindest in den ersten Jahrzehnten ihres Bestehens der mathematisch-naturwissenschaftliche Aspekt der westeuropäischen Akademien, ebenso auch alle auf die Pflege der Sprache (Academie française) gerichteten Tendenzen.

Ihren Namen erhielt die Gesellschaft aus einer Stelle in den „Noctes Atticae" des Aulus Gellius, bei der eine Art Fragespiel während des Saturnalienfestes geschildert wird, wo bestimmte Probleme aus dem Bereich verschiedener Wissensgebiete zu lösen waren. Das Kollegium existierte ohne Unterbrechung bis 1673, also 32 Jahre. Selbst die sich im Jahre 1642 um Leipzig abspielenden kriegerischen Ereignisse (Belagerung, Schlacht bei Breitenfeld, Einnahme der Stadt durch die Schweden), über die sich in der Handschrift

52 Vgl. Carl Hinrichs, Die Idee des geistigen Mittelpunktes Europas im 17. und 18. Jh., in: C. Hinrichs, Preußen als historisches Problem. Gesammelte Abhandlungen (=Veröffentlichungen der Historischen Kommission zu Berlin beim Friedrich-Meinecke-Institut der Freien Universität Berlin, Bd. 10), Berlin 1964, S. 272–298. Hinrichs sieht hinter der Gründung der Sozietäten des 17. Jh. das Bestreben, die am Ausgang des Mittelalters zerfallene geistige Einheit Europas wiederherzustellen. Sie seien daher gegen Konfessionalismus, Neoscholastik und die Vorherrschaft der lateinischen Sprache ausgerichtet gewesen, die durch eine neue Allwissenschaft überwunden werden sollten, deren Grundlage eine Verbindung von Naturwissenschaft und innerer spiritualistischer Erneuerung bildete. Diese Charakterisierung dürfte nur für einen Teil der Akademiegründungen des 17. Jh. zutreffen. Verbindungen wie die Leipziger Gesellschaften verfolgten im wesentlichen doch andere Ziele. Vgl. neuerdings: Res publica litteraria. Die Institutionen der Gelehrsamkeit in der frühen Neuzeit (=Wolfenbüttler Arbeiten zur Barockforschung, Bd. 14), Wiesbaden 1987. Gelehrtengesellschaften im Bereich der Universität werden hier jedoch nicht berücksichtigt. Die neuste Publikation zu diesem Thema stammt von G. Kanthak: Der Akademiegedanke zwischen utopischem Entwurf und barocker Projektmacherei. Berlin 1987. Sie ist weitgehend von C. Hinrichs abhängig.

53 Diese Passage ist auch von Gebauer in seine Darstellung übernommen worden (S. IX f.).

2617 übrigens ein längerer Bericht findet[54], konnten der Tätigkeit der Gesellschaft nur unwesentlich Abbruch tun.

Von großer Bedeutung wäre für uns ein näheres Wissen über das Wirken und den Einfluß der Leipziger Kollegien auf die Welt der Gelehrten inner- und außerhalb der Stadt. Es ist schwer anzunehmen, daß so langlebige Organisationen, denen zahlreiche namhafte Gelehrte angehörten, die überdies noch mit der am meisten besuchten Universität Deutschlands in enger Verbindung standen, keine breitere Beachtung gefunden haben sollten. Leider ist hier die gegenwärtig bekannte Quellenlage ziemlich dürftig. Immerhin belegen die häufigen Erwähnungen des Collegium Anthologicum in den Briefen des Studenten Joachim Feller (später einer der angesehensten Gelehrten der Leipziger Universität) an seinen Zwickauer Lehrer Christian Daum, daß eine Durchforschung des Gelehrtenbriefwechsels jener Zeit noch manche Information zur Lösung dieser Frage vermitteln könnte.[55]

Zumindest eine Tochtergründung außerhalb Leipzigs läßt sich nachweisen, nämlich die „Societas disquirentium" in Jena (bestand von 1672 bis mindestens 1683). Gründer war Johann Andreas Bose, ein früheres Mitglied des Collegium Gellianum. Sein Nachfolger als Präses wurde der schon erwähnte Johannes Schilter.[56] Interessant ist schließlich auch eine der näheren Untersuchung zu empfehlende Beteiligung des Collegium Gellianum an den teilweise heftigen Auseinandersetzungen um die Durchsetzung des Naturrechts an den deutschen Hochschulen. Johann Heinrich Boecler habe, so berichtet Christian Thomasius[57], in Straßburg Vorlesungen über Grotius' „De jure belli ac pacis" gehalten, worauf der Straßburger Jurist Rebhahn mit einer Schmähschrift reagiert habe (erschienen 1663). Boecler habe darauf mit einer Publikation geantwortet, die sich im Titel als Schrift des Leipziger Collegium Gellianum ausgab.[58] Dies sei mit dessen Zustimmung, insbesondere aber mit der Einwilligung Zieglers, der damals allerdings schon längst in Wittenberg wirkte, geschehen.[59] Leider stehen uns für das Jahr 1663 die Sitzungsprotokolle nicht zur

54 Ms 2617, Bl. 40r–41v.

55 Vgl. Richard Beck, M. Christian Daums Beziehungen zur Leipziger gelehrten Welt während der sechziger Jahre des XVII. Jahrhunderts, II. Teil (= Programm des Gymnasiums zu Zwickau 1894, Programmnr. 549), S. 37.

56 Vgl. Hermann Kappner, Die Geschichtswissenschaft an der Universität Jena vom Humanismus bis zur Aufklärung, in: Zeitschrift des Vereins für Thüringische Geschichte und Altertumskunde. N. F. 14. Beiheft), Jena 1931, S. 87 f.

57 Dissertatio emendationem administrationis iustitiae neque facilem, neque impossibilem, valde tamen difficilem esse, et caute suscipiendam, in: Christiani Thomasii Dissertationum academicarum 4. Tomus, Halle 1780, S. 183 ff., hier S. 211. Die Dissertation stammt aus dem Jahre 1717. Respondent war Heinrich Kuhn.

58 Collegii Gelliani censura programmatis. Argentorati d. 7. Dec. 1663.

59 „Verosimiliter ipse Boeclerus istius scripti autor, Collegii Gelliani, tum Lipsiae florentis nomine, cum bona pace collegarum, et praecipue Ziegleri ... usus fuit, ut vindictam Rebhanii evitaret." Den Text dieser Zensur gibt Thomasius in seiner „Historia juris naturalis" (Halle 1719, S. 132 ff.) wieder.

Verfügung (s. Anm. 47), so daß diese Überlieferung hier nicht weiter überprüft werden kann.[60]

Anhand der Statuten des Collegium Gellianum ergibt sich folgendes Bild über seine Tätigkeit: Die Versammlungen fanden jeweils am Sonntag statt. Eine etwaige Nichtteilnahme mußte zuvor angezeigt werden, da ansonsten bestimmte Geldstrafen zu erwarten waren. Als zu behandelnde Gegenstände waren einmal die „philologia sacra" vorgeschrieben, also exegetische Ausführungen zu den Texten des Alten und Neuen Testaments, zum anderen Themen der griechischen und römischen Altertumskunde. Spitzfindige Auseinandersetzungen um Fragen einer „finstren Philosophie" (tetrica philosophia) waren verpönt. Jeder Vortrag war vom Referenten schriftlich festzuhalten und nach der Versammlung dem Schriftführer zu übergeben, der den Text in das Protokollbuch zu übertragen hatte. Sollten bestimmte Probleme während der Sitzung nicht zufriedenstellend geklärt werden können, bestand die Möglichkeit, einige Mitglieder damit zu beauftragen, sich mit diesen Fragen bis zur nächsten Sitzung eingehend zu beschäftigen. Bedingungen zur Aufnahme in das Collegium bildeten die Zustimmung der Mehrheit der Mitglieder, Gelehrsamkeit und insbesondere Sittsamkeit (modestia). Ausdrücklich wird die Aufnahme zanksüchtiger und scheinweiser (doxosophos) Personen abgelehnt. Bei Freiwerden eines Platzes – die Zahl der Mitglieder war auf neun beschränkt – sollte umgehend eine Zuwahl erfolgen. Für die Mitgliedschaft wurde ein Beitrag erhoben, der vom Praefectus Fisci eingesammelt wurde. Diese Gelder dienten verschiedenen Zwecken, so z. B. der Bewirtung von Gästen, vor allem aber für die Ausgestaltung der alljährlichen Gründungsfeier am 1. Advent. Vorgeschrieben waren auch die bei einer Verletzung der Statuten zu ergreifenden Maßnahmen und die den einzelnen Mitgliedern bei anfallenden Ehrungen (z. B. Promotionen) darzubringenden Gratulationen.

Innerhalb des untersuchten Zeitraumes hat man sich, den Protokollen nach zu urteilen, an die Vorgaben der Statuten gehalten. Immerhin ist es hin und wieder zur Verletzung der Pflicht der genauen Protokollführung gekommen, da mitunter über mehrere Sitzungen hinweg alle Aufzeichnungen fehlen. Über das Gemeinschaftsleben außerhalb der Anhörung und Diskussion wissenschaftlicher Vorträge läßt sich aus den zerstreuten Bemerkungen

60 Vielleicht könnte hier der in der Hamburger Universitätsbibliothek vorhandene Briefwechsel Boeclers mit verschiedenen Leipziger Gelehrten weiterhelfen. Diese Briefe konnten von mir noch nicht ausgewertet werden (s. Nilüfer Krüger, Supellex Epistolica Uffenbachii et Wolfiorum. Katalog der Uffenbach-Wolfschen Briefsammlung, Hamburg 1978). Interessant wäre auch die Beschäftigung mit der Frage, welche Gäste an den Veranstaltungen der Gesellschaften teilnahmen. Die Protokolle des Collegium Gellianum verzeichnen Gäste nur sehr sporadisch; die des Collegium Anthologicum überhaupt nicht. Auf die in der Literatur angestellten Spekulationen, Heinrich Schütz habe an den Versammlungen teilgenommen, wurde schon hingewiesen. Woher Kappner (s. Anm. 56) die Angabe nimmt, J. A. Bose habe im Collegium Gellianum Caspar Barth und Thomas Reinesius kennengelernt (S. 73 f.), ist mir unklar. Im Briefwechsel zwischen Bose und Reinesius wird das Collegium ein einziges Mal erwähnt und zwar im Zusammenhang mit der möglichen Dedikation eines Werkes von Reinesius an das Collegium (Thomae Reinesii et Io. Andr. Bosii epistolae mutuae, Jena 1700, S. 192 f.).

innerhalb der Protokollbände zumindest ein ungefähres Bild gewinnen. Von der Gründung des Collegiums bis zum Juni 1652 fanden die Zusammenkünfte im Hause Strauchs statt. Nach dessen Weggang nach Jena wurden sie in die Wohnung von Thomas Steger verlegt. Nicht selten traten jedoch an die Stelle der Sitzungen gemeinsame Wanderungen in der Umgebung von Leipzig. Die Protokolle beschränken sich dann auf knappe Bemerkungen wie z. B.: *„Coeli serenitas collegium vocavit in hortos"* oder noch einfacher: *„Deambulatum est."* Hin und wieder verdrängten auch feuchtfröhliche Zusammenkünfte die wissenschaftlichen Debatten: *„Dum Domini Collegae hunc conventum Baccho dicarunt Musarum obliti sunt."*[61] Einen Höhepunkt in dieser Hinsicht bildeten die Gründungsfeiern am 1. Advent eines jeden Jahres. Ansprachen, Festessen und eine entsprechende musikalische Umrahmung heben diese Versammlungen von dem Zyklus der normalen wöchentlichen Konvente ab. Aber auch andere feierliche Gelegenheiten konnten den Zusammenkünften einen veränderten Charakter verleihen. Voran stehen hier die Aufnahme neuer Mitglieder und die Verabschiedung von Mitgliedern, die aus Leipzig wegzogen. Dazu kommt die Teilnahme an Feiern zu den verschiedensten Anlässen.[62]

Ein wichtiges Element im Leben der Sozietät spielte die Pflege der Musik, wenn diese auch nicht die dominierende Rolle innehatte, die ihr seitens der musikhistorischen Forschung zugeschrieben wird. An erster Stelle ist das gemeinsame Liedersingen zu nennen, das insbesondere zur Weihnachtszeit mit großer Regelmäßigkeit durchgeführt wurde, jedes Jahr im Hause eines anderen Mitglieds (so 1651 bei Esaias Pufendorf). Aber auch an anderen Feiertagen oder selbst an Tagen ohne sichtbaren Anlaß trat der Gesang an die Stelle der wissenschaftlichen Disputation. Eine besondere musikalische Umrahmung erhielten die Versammlungen zur Feier der Gründung des Kollegiums am 1. Advent. Die musikalische Leitung wurde dann entweder von Mitgliedern der Gesellschaft besorgt, hier ist vor allem auf Leonard Beer als Organist der Nikolaikirche zu verweisen, oder es wurden „musicae regendae causa" Musiker aus der Stadt eingeladen, so auch Johann Rosenmüller, dessen Anwesenheit bei mehreren Feiern im Protokoll ausdrücklich vermerkt ist. Anscheinend brachte er hier auch neue Kompositionen zur Aufführung: *„Novum etiam Tenella, modis musicis in gratiam Collegii nostri a Rosenmullero, svavissimo melopoëta compositum, antequam is abiret in Italiam."*[63] Neben den musikalischen Aufführungen kamen schließlich auch lateinische Dichtungen einzelner Mitglieder zum Vortrag, die in den Protokollen teilweise festgehalten wurden und über diese Zwischenstation Aufnahme in Gebauers Bericht über die Leipziger Gelehrtengesellschaften fanden.

Auch in der Wahl der Vortragsthemen hat man sich weitgehend an die Vorgaben der Statuten gehalten, d. h. vor allem biblische und antike Stoffe zur Sprache gebracht. Am

61 50. Sitzung im Jahre 1649.

62 Begräbnisse (z. B. die der Frau von Friedrich Leibnüz am 29. 1. 1644). Geburt bzw. Taufe, Promotionen oder andere akademische Feierlichkeiten (z. B. Rektorwechsel).

63 Es sei hier darauf hingewiesen, daß von einer Reise Rosenmüllers nach Italien in den vierziger Jahren bisher nichts bekannt geworden ist. Nach allgemeiner Auffassung soll er erst 1655 nach Italien gegangen sein, nachdem er unter dem Vorwurf der Päderastie aus Leipzig hatte fliehen müssen.

Beginn des Jahres wurde den einzelnen Mitgliedern eine bestimmte Aufgabe zugewiesen, meist die Kommentierung der Werke eines antiken Autors oder eines Textes der Bibel, der man sich das gesamte Jahr über zu widmen hatte. So sollte beispielsweise 1646 Rappolt über den Dialog „Octavius" des Minucius Felix (frühchristlicher Apologet des 2. Jh.) sprechen, während sich Strauch den Schriften des Gellius und des Tacitus zuzuwenden hatte. Franckenstein erhielt Suetons Kaisergeschichten zum Thema, Ziegler die Komödien des Aristophanes in Verbindung mit den dort angesprochenen Fragen der griechischen Altertumskunde. Colerus sollte dem Kollegium über neuere Exegesen alttestamentlicher Schriften, vor allem des Rostocker Theologen Johannes Tarnov, berichten, während Leonard Ursinus abwechselnd Sentenzen des Horaz und der medizinischen Schule von Salerno vorzustellen hatte. 1651 stehen folgende Themen zur Behandlung an: Sueton unter besonderer Berücksichtigung bestimmter Fragen der römischen Altertumskunde (Strauch), Geschichte der frühchristlichen Kirche (Ziegler), Sprüche Salomons (Steger), Ovid (Hornig), Aulus Gellius (E. Pufendorf). Andererseits war es bestimmten Mitgliedern auch freigestellt, eine beliebige Fragestellung zu behandeln. Auch ist nicht zu jedem Jahr eine Themenverteilung in den Protokollbüchern zu finden. So lassen sich durchaus Einzelvorträge zu den verschiedensten Problemen nachweisen: Natur der Kometen (einer der sehr wenigen naturwissenschaftlichen Vorträge), ägyptische Religion, Bigamie und Polygamie (s. die Ausführungen zu Johannes Leyser im folgenden Kapitel), Bernhard von Clairvaux, Lex salica, Panzerhemden bei den Germanen (mit Zitaten aus altdeutschen Dichtungen), Depositionswesen an den Universitäten, Hugenotten in Frankreich, Herkunft des Epiphaniasfestes, das Amt des Lektors in der Kirche, die Verfassung von Sparta, Heinrich IV. von Frankreich Konversion zum Katholizismus, die drei Weisen aus dem Morgenland, das Auftauchen eines unbekannten Lebewesens in Norwegen. Diese Beispiele, die sich beliebig vermehren ließen, zeigen, daß das Kollegium durchaus auch anderen Themen Beachtung schenkte, als die Statuten es vorschrieben. Dem stark religiös geprägten Zeitgeist entsprechend nahmen theologische Fragen eine dominierende Stellung ein. Das beweist auch die lebhafte Anteilnahme des Kollegiums an den Auseinandersetzungen um Georg Calixt und den Helmstedter Synkretismus.[64] So befindet sich in den Protokollen des Jahres 1648 auch eine Abschrift eines Schreibens der Königsberger Studenten gegen den Calixt-Schüler Johannes Latermann und Ende 1651 beschäftigte man sich sogar über vier Sitzungen hinweg mit der Lesung und Diskussion der Apologie Calixts gegen Jacob Weller.[65]

64 Die Leipziger Theologische Fakultät nahm als Vorkämpferin der gegen Calixt gerichteten Kräfte maßgeblichen Anteil an diesen Auseinandersetzungen (vgl. O. Kirn, Die Leipziger Theologische Fakultät in fünf Jahrhunderten, Leipzig 1909, S. 76 f. und 92 f.).

65 Widerlegung der Verleumdungen mit welchen Dr. Jakob Weller ihn zu beschimpfen sich unterstanden, Helmstedt 1651.

3.3. Das Collegium Anthologicum

Die Gründe, die im Sommer 1655 zur Gründung einer zweiten Gelehrtengesellschaft, des Collegium Anthologicum, führten, sind uns nicht bekannt. Weder enthalten die Protokolle des Collegium Gellianum aus der ersten Jahreshälfte 1655 irgendwelche Hinweise, noch gibt der erste Protokollband der neugegründeten Verbindung einen Anhaltspunkt; auf Mitgliederverzeichnis und Statuten folgen unmittelbar die Aufzeichnungen über die erste Sitzung vom 2. 7. 1655. Organisation, Charakter und Tätigkeit der neuen Gesellschaft orientierten sich in einem erheblichen Maße am Vorbild des älteren Collegium Gellianum. Auffällig ist in diesem Zusammenhang auch die bei einigen Personen zu verfolgende gleichzeitige Mitgliedschaft in beiden Gesellschaften.[66] Ein nicht unwichtiger Unterschied zwischen den zwei Kollegien scheint immerhin darin gelegen zu haben, daß das Collegium Anthologicum auf die Ausgestaltung eines literarisch-musikalischen Lebens weniger Wert gelegt zu haben scheint, als dies bei der älteren Gründung der Fall gewesen war; jedenfalls sind uns keine entsprechenden Nachrichten überliefert worden. Geblieben waren allerdings die Feiern zum Gründungsjubiläum und zur Verabschiedung sowie zur Aufnahme von Mitgliedern.

Die Statuten unterscheiden sich nur in Details von denen des Vorgängers. Statt Sonntags versammelt sich das Collegium Anthologicum am Sonnabend. Die Beiträge der Mitglieder sollen sich an dem Ziel orientieren, das Nützliche mit dem Angenehmen zu verbinden. Ähnlich wie im Collegium Gellianum werden daher spitzfindige und schwerverständliche Spekulationen abgelehnt. Neu im Sinne einer Ergänzung sind mehrere Bestimmungen über das Verhalten während der Sitzungen. Es wird untersagt, sie durch Zwischenrufe zu unterbrechen. Andere Meinungen sind nach Beendigung der Ausführungen des Referenten in einer ruhigen, sich jedes verletzenden Tones enthaltenden Art und Weise vorzubringen. Weitgehend gleichlautend sind wiederum die Verpflichtung zur schriftlichen Abfassung der Vorträge und die Vorschrift der Verfahrensweise bei der Zuwahl neuer Mitglieder einschließlich der an die Kandidaten zu richtenden Forderungen. Allerdings führte im Collegium Anthologicum bereits die Abgabe von drei Neinstimmen zur Ablehnung der Kandidatur. Übereinstimmend ist wiederum die Forderung nach einem Bewerbungsschreiben des Kandidaten. Glücklicherweise ist, wie wir noch sehen werden, gerade das Bewerbungsschreiben Samuel Pufendorfs erhalten, so daß uns für diesen Brauch ein illustrierendes Beispiel vorliegt. Weitgehend parallel sind schließlich die Bestimmungen hinsichtlich der Finanzierung des Collegiums, der alljährlich durchzuführenden Gründungsfeier und der Verpflichtung, bestimmten Mitgliedern in Fällen *„qua vulgo politiores homines sibi invicem solent gratulari"* Gedichte zu offerieren. Eingehender als im Collegium Gellianum werden Regeln für den gegenseitigen Umgang der Mitglieder miteinander festgeschrieben. Darin wird u. a. vorgeschrieben, daß im Interesse der gegenseitigen Achtung eine größere Vertraulichkeit miteinander vermieden werden möge.

66 Aus der Zeit bis zum Weggang Pufendorfs aus Leipzig (1658) sind dies Eberhard Müller, Johannes Leyser und Valentin Alberti.

Im Gegensatz zum Collegium Gellianum kann die Tochtergründung in den ersten Jahren ihres Bestehens kaum mit illustren Namen in ihrer Mitgliederliste aufwarten, selbstverständlich von Pufendorf abgesehen. Sicher liegt dies teilweise daran, daß einige, gerade der tätigsten frühen Mitglieder bereits mit jungen Jahren verstorben sind. Zu einer Reihe von Personen konnte schon Gebauer keine oder nur geringe biographische Angaben ermitteln. Allesamt gehörten sie der auf die Gründer des Collegium Gellianum folgenden Generation an; ihre Geburtsjahre liegen um 1630; Studienbeginn und Erwerb des Magistergrades ist in den frühen und mittleren fünfziger Jahren angesiedelt. Nach den im Protokoll der ersten Sitzung (2. 7. 1655) vertretenen Namen waren Wolfgang Ouw (Aue), Johannes Hrabskius, Wolfgang Abraham Steger und Eberhard Müller die Gründer der Gesellschaft. Der interessanteste dieser vier ersten Mitglieder war vielleicht der aus Ungarn stammende Johannes Hrabskius, der einige Kenntnisse in verschiedenen orientalischen Sprachen besaß und in seinen insgesamt 21 uns überlieferten Vorträgen ausschließlich Themen aus dem Bereich der Orientalistik (Literatur, Sprache, Religion) behandelte. Eine wünschenswerte Spezialuntersuchung dieser Beiträge dürfte das gängige negative Urteil über den Stand der orientalischen Studien im Leipzig des 17. Jh. zumindest in Frage stellen.[67]

Als die mit Abstand wichtigste Erscheinung unter den später hinzugekommenen Mitgliedern dürfte die Person Johannes Leysers anzusehen sein. Sein interessantes, wenn auch trauriges Lebensschicksal sollte durchaus einmal nähere Beachtung finden.[68] Seine berufliche Laufbahn, die ihn 1664 in das Amt des Inspektors der Fürstenschule in Pforte führte, wurde durch sein Eintreten für die Notwendigkeit der Polygamie, ein nicht unaktuelles Thema in den Jahrzehnten nach dem Ende des Dreißigjährigen Krieges, jählings unterbrochen. Leyser wurde zum Gejagten, der nach Aufenthalten in verschiedenen Orten Deutschlands, Dänemarks, Schwedens, Italiens und Frankreich schließlich auf der Landstraße zwischen Paris und Versailles einen elenden Tod fand (1684). Die Beziehungen des kleinen, verwachsenen, zerstreut wirkenden und oft kranken Mannes[69] zu Pufendorf bedürfen noch der näheren Klärung. Den Anstoß zu der von ihm betriebenen Propagierung der Polygamie soll er durch den Grafen Kurt Christoph von Königsmarck (1634–1673, 1651 an der Leipziger Universität immatrikuliert), den Bruder des mit Pufendorf eng bekannten Otto Wilhelm von Königsmarck, erhalten haben. Leyser wird die zu Beginn der siebziger Jahre erschienene, unter dem Pseudonym Sincerus Wahrenberg umlaufende Schrift „Dialogus de Polygamia oder kurtzes Gespräch von der Polygamie" zugeschrieben.

67 Vgl. Holger Preißler, Arabistik in Leipzig, in: Wissenschaftliche Zeitschrift der Karl-Marx-Universität Leipzig, Gesellschafts- und Sprachwissenschaftliche Reihe, 28. Jg. (1979), S. 87–106.

68 Die ausführlichsten Nachrichten über Leysers Leben bietet immer noch J. J. Gottlob Am Ende, Memoria Inspectorum Portensium, Wittenberg 1748, S. XVIII–L (S. XLIX f. Verzeichnis der älteren Literatur über Leyser).

69 Diese Beschreibung folgt den Angaben eines Briefes des dänischen Diplomaten Masius an Peter Allix (31. 10. 1684), der in franz. Übersetzung in den „Nouvelles de la Republique des Lettres" (April 1685) veröffentlicht wurde (abgedruckt auch bei Am Ende, S. XLVI f., Anm. s). Dieser Brief bildet überhaupt eine wichtige Quelle zur Kenntnis der Biographie Leysers.

Als Verfasser der Aufsehen erregenden Publikation wurden damals jedoch weithin die Brüder Pufendorf angesehen, was einen hier nicht zu verfolgenden langwierigen Federkrieg zur Folge hatte.[70] Ob Leyser in Stade und in Stockholm, wo er sich jeweils längere Zeit aufhielt, mit Esaias bzw. Samuel Pufendorf zusammentraf, läßt sich nach unserem gegenwärtigen Kenntnisstand nicht sagen.

Interessanter noch ist, daß Pufendorf im Collegium Anthologicum auch mit einem seiner späteren schärfsten Gegner zusammenkam, mit Valentin Alberti, dem entschiedensten Vertreter eines gegen Pufendorf gerichteten christlichen Naturrechtsverständnisses.[71] Noch in seinem 1678 erschienenen „Compendium juris naturae" erinnert sich Alberti der einstigen Gemeinschaft mit Pufendorf im Collegium: „... *Pufendorffius, nominis non incelebris Scriptor; qui Lipsiae olim una mecum de Collegio Anthologico fuit, cujus* ἀντιλογία *est* ἀνθολογία, *ubi sine spinosis concertationibus per blandes et amicas ventilationes veritas efflorescit. Putet itaque, nos in laudatissima illa Societate adhuc considere, placideque sententias, ea, qua par est, libertate ac modestia (sine ira et studio, quorum causas procul habeo) dicere. Sic recte dictis ... Veritas sufficiet.*"[72] Allerdings war die Zeit der gemeinsamen Mitgliedschaft relativ beschränkt, da Alberti frühestens Ende 1656 Mitglied des Kollegiums wurde (s. hierzu das folgende Kapitel), Pufendorf jedoch das ganze Jahr 1657 über in Jena weilte. Beide können sich daher nur in den ersten Monaten des Jahres 1658 im Kollegium getroffen haben, bis Pufendorf im April Leipzig endgültig verließ.

In der Zeit vom Juli 1655 bis zum März 1658 lassen sich in den Protokollen Aufzeichnungen zu rund 370 Vorträgen nachweisen. Während in den ersten Monaten der Umfang der Berichte nicht selten 5 oder 6 Seiten beträgt, sind die späteren Fassungen oft wesentlich knapper in ihrer Ausführlichkeit gehalten worden und beschränken sich im Extremfall auf einen Satz, der das Thema angibt. Vielleicht ist diese unterschiedliche Form der Berichterstattung in einem Zusammenhang mit dem Wechsel der Schriftführer zu sehen, der sich an den ändernden Handschriften ablesen läßt.

Was Form und Inhalt der Beiträge angeht, so kann auch hier eine weitgehende Abhängigkeit vom Collegium Gellianum beobachtet werden. Wenn auch protokollarisch keine

70 In einem Brief an Johannes Brunsmann (20.8.1682) verteidigt sich Pufendorf gegen den Vorwurf, ein Verfechter der Polygamie zu sein. Dabei geht er mehrfach auf die Theorien des „delirus Lyserus" ein, ohne seine persönlichen Beziehungen zu dem nun in Verruf gekommenen Landsmann zu erwähnen (Brief im Besitz der Staats- und Universitätsbibliothek Hamburg, Uffenbach-Wolfsche Briefsammlung. Veröffentlicht in: Dänische Bibliothec, 6. Stück, Kopenhagen 1745, S. 348 ff. und bei Meyer (s. Anm. 8), S. 29 ff.).

71 Die gründlichste Darstellung zu Albertis Leben und Werk einschließlich seiner Auseinandersetzungen mit Pufendorf bietet eine Arbeit von Ernst-Dietrich Osterhorn, Die Naturrechtslehre Valentin Albertis, (Diss.) Freiburg/Br. 1962.

72 Valentin Alberti, Compendium Juris Naturae, Leipzig 1688, S. 19. Pufendorf äußert sich in einem Brief an Gottfried Klinger (10. 1. 1676) über sein früheres Verhältnis zu Alberti: „*Erat alias mihi amicus*". Jetzt habe er sich jedoch seinen Feinden angeschlossen. (UB Göttingen, Hist.lit. 15, Bl. 13–20, hier Bl. 20^v. Ich danke Herrn Dr. Haenel von der UB Göttingen für die Überlassung einer Kopie dieses Briefes. Veröffentlicht in: Acta philosophorum, 16. Stück, Halle 1725, S. 647 ff.)

Themenvergaben festgehalten worden sind, muß es dennoch solche Festlegungen gegeben haben. So referierten Wolfgang Aue (bis zu seiner Verabschiedung aus dem Collegium am 26. 4. 1656) und Wolfgang Abraham Steger (bis zum Abbrechen der Protokolle im Oktober 1656) vom August 1655 an über viele Monate hinweg über die Briefe des Kirchenvaters Hieronymus. Im Herbst 1656 hatte Steger erst den 44. Brief erreicht. Das gesamte Jahr 1657 hindurch will man sich laut einer summarischen Notiz allein mit der Exegese des Römerbriefs des Paulus beschäftigt haben. Weniger speziell ausgerichtet waren die Vorträge Eberhard Müllers. Jedoch bewegten sich die Themen seiner Referate mit ganz wenigen Ausnahmen um Fragen der Exegese von Texten des Alten und Neuen Testaments und um Probleme der biblischen Altertumskunde. Die theologische Auseinandersetzung mit dem Katholizismus, in erster Linie mit Robert Bellarmins Werk „Disputationes de controversiis Christianae fidei" standen im Mittelpunkt der Interessen von Balthasar Bebel, später Professor der Theologie in Straßburg. Die Kanonizität der Bücher des Alten und Neuen Testaments sowie die Authentizität ihrer Übersetzungen (Septuaginta, Origines) bilden den Inhalt der meisten Vorträge Heinrich Reißlandts. Ludwig Regast wiederum wandte sich hauptsächlich Problemen der Erkenntnistheorie zu, übrigens in enger Anlehnung an scholastische Autoritäten. Der schon erwähnte Johannes Hrabskius schließlich hat sich allein mit Themen aus dem Bereich der Orientalistik beschäftigt.[73]

Andererseits scheinen einige Mitglieder überhaupt nicht auf ein bestimmtes Problemfeld festgelegt worden zu sein. Als Beispiel mag Johannes Leyser dienen, der in bunter Folge die verschiedensten Gegenstände behandeln konnte: Religion der Römer, bibelexegetische Fragen, hebräische Grammatik, urchristliche Kirche, Krieg der Perser gegen die Griechen, Calvinismus usw.

Aus den angeführten Themenbereichen läßt sich deutlich erkennen, daß im Collegium Anthologicum theologische Fragestellungen womöglich noch deutlicher im Mittelpunkt standen, als dies bei seinem Vorgänger der Fall war. Dabei bildeten exegetische Vorträge und kontroverstheologische Auseinandersetzungen mit dem Katholizismus und Calvinismus ausgesprochene Schwerpunkte. Erst eine genaue Untersuchung des Inhaltes der Zahlreichen Beiträge würde es uns ermöglichen, deren Position innerhalb des regionalen und überregionalen theologischen Umfeldes zu bestimmen. In zweiter Linie fanden historische und kulturgeschichtliche Fragen Interesse, wobei das griechisch-römische und jüdische Altertum das Feld fast ausschließlich beherrschten. Vereinzelt sind Vorträge zur Geschichte der germanischen Völker und des mittelalterlichen deutschen Reiches nachweisbar. Außerdeutsche oder gar außereuropäische Territorien fanden, sieht man freilich von den Beiträgen des J. Hrabskius einmal ab, noch geringere Beachtung.[74] Einen dritten Schwerpunkt bildeten Referate zu philosophischen Gegenständen, insbesondere zur Er-

73 Acht Vorträge betreffen arabische Texte, zehn persische. Jeweils ein Vortrag behandelt Texte in türkischer und äthiopischer Sprache. Für die Bestimmung der Texte danke ich Frau Gisela Müller von der UB Leipzig.

74 Eine Ausnahme bildet beispielsweise ein Vortrag Paul Frieses vom 21. 7. 1655 über die Pagoden an der Koromandelküste (Indien).

kenntnistheorie und zur Logik. Zumindest am Rande wurden hier aber auch andere Themen verhandelt, so beispielsweise die Kabbala. Fast vollständig fehlt der gesamte mathematisch-naturwissenschaftliche Bereich, der, sieht man von einem isoliert stehenden Vortrag über Methoden der Multiplikation ab, höchstens in Verbindung mit antiker Literatur (vor allem Plinius d. Ä.) ins Blickfeld gerät.

4. Samuel Pufendorf als Mitglied des Collegium Anthologicum

Da sich der vorliegende Aufsatz auf ein Spezialproblem der Leipziger Studienzeit Pufendorfs beschränkt, nämlich auf die genannten Gelehrtengesellschaften und deren Einfluß auf die geistige Entwicklung Pufendorfs beschränken sich die folgenden Bemerkungen zu diesem gesamten Abschnitt seiner Biographie auf einige notwendige, die bisherigen Auffassungen korrigierende Angaben zur äußeren Chronologie des Studienaufenthaltes. Der Beginn seines Studiums fällt in den Herbst 1650. Diese in der gesamten Literatur zu findende Angabe wird durch den einzigen uns erhaltenen Eintrag Pufendorfs in einer der Hörerlisten der Philosophischen Fakultät bestätigt.[75] Sichere Daten besitzen wir dann erst wieder ab Juli 1655 mit Pufendorfs Eintritt in das Collegium Anthologicum. Bis zum 4. 10. 1656 ist seine Anwesenheit bei fast jeder Sitzung des Kollegiums nachweisbar. Leider klafft zwischen dem 18. 10. 1656 und dem 6. 3. 1658 eine Lücke in der Überlieferung der Protokolle[76], da die zuvor gewissenhaft befolgte Bestimmung der schriftlichen Fixierung der Vorträge in dieser Zeit außer acht gelassen wurde. Auf alle Fälle kann der Beginn des Aufenthaltes Pufendorfs in Jena nicht vor Ende 1656 angesetzt werden. Wichtig und doch völlig unbekannt ist jedoch die Tatsache, daß Pufendorf bereits im Sommer 1656 für einige Wochen nach Jena ging, dort den Magistergrad erwarb und dann wieder nach Leipzig zurückkehrte. Für die Zeit zwischen dem 26. 7. und dem 30. 8. 1656 fehlt in den Protokollen jeder Hinweis auf eine Anwesenheit Pufendorfs bei den Versammlungen der Gesellschaft. Am 30. 8. tritt er wieder mit einem Vortrag in Erscheinung und führt im Protokoll erstmals den Magistertitel. Die gesamte bisherige Literatur ist in dieser Frage wie üblich den Angaben Dahlmanns gefolgt indem sie den Erwerb des Magistergrades auf das Frühjahr 1658 verlegte.[77] Nur auf langes Zureden Erhard Weigels habe er vor dem Verlassen der Saalestadt sich um diesen akademischen Grad beworben. Ein Blick in Gebauers Darstellung aus dem Jahre 1733 hätte diese zeitliche Ansetzung nicht nur widerlegen, sondern auch das genaue Promotionsdatum in Erfahrung bringen

75 Pufendorf besuchte im Wintersemester 1650/51 eine Vorlesung über die Dichtungen des Flavius Cusonius Corippus, eines Grammatikers und byzantinischen Hofbeamten des 6. Jh. (Archiv der Universität Leipzig, Phil. Fak. B 53, Bd. 19).

76 Lediglich zur 33. Sitzung (6. 6. 1657) ist ein Protokoll angefertigt worden.

77 Die einzige mir bekannte Ausnahme bildet der in Anm. 6 erwähnte biographische Abriß im „Historisch-Litterarisch-Bibliographischen Magazin", S. 30.

können: 19. 8. 1656.[78] Zwar weilte Pufendorf nach eigener Angabe das Jahr 1657 über in Jena[79], jedoch scheint seine Rückkehr nach Leipzig schon vor dem Frühjahr 1658 erfolgt zu sein. Jedenfalls ist durch die Anfang März wieder einsetzenden Protokolle des Collegium Anthologicum Pufendorfs Anwesenheit für den 13. 3. bezeugt. Da Esaias Pufendorf am 24. 12. 1657 seinen ersten uns bekannten Brief an den Bruder nach Leipzig adressierte, besteht die Möglichkeit zur Annahme, daß dieser bereits zur Jahreswende 1657/58 wieder in Leipzig weilte.[80] Im Collegium Anthologicum hat er am 27. 3. das letzte Mal das Wort ergriffen. Am 31. 3. hat Esaias seine für die ferneren Schicksale des Bruders so entscheidend gewordene Aufforderung, nach Kopenhagen zu kommen, abgesandt. Pufendorfs Abreise aus Leipzig dürfte gegen Ende April 1658 erfolgt sein, da die letzten an seine Leipziger Adresse gerichteten Briefe am 21. 4. geschrieben wurden.[81]

Zwar gehörte Pufendorf nicht zu den Gründungsmitgliedern des Collegium Anthologicum, bewarb sich aber bereits zwölf Tage nach dem ersten Zusammentreten der Gesellschaft (2. 7.) am 14. 7. um die Mitgliedschaft. Sein auf diesen Tag datiertes, entsprechend den Bestimmungen der Statuten aufgesetztes Bewerbungsschreiben befindet sich heute in der Bayerischen Staatsbibliothek München.[82] Es handelt sich zugleich um das

78 Die uns überlieferten Archivalien der Jenaer Philosophischen Fakultät aus diesem Zeitraum sind sehr lückenhaft. Trotz intensiven Suchens im Archiv der Jenaer Universität habe ich dort keine Spur gefunden, die nähere Aufschlüsse zu Pufendorfs Promotion vermitteln könnte.

79 In Pufendorfs „Epistola ad amicos" heißt es: *„Annum 1657 ego a principio ad finem Jenae in aedibus D. Weigelii exegi."* (S. v. Pufendorf, Eris scandica, Frankfurt/M. 1706, S. 104 f.).

80 Von diesem Brief wissen wir allein durch eine Mitteilung von G. E. Hoffmann (G. E. Hoffmann, Ein Brief Esaias Pufendorfs an seinen Bruder Samuel, in: Historische Vierteljahrsschrift, N. F. 25. Jg. (1929), S. 104–110, zum Brief vom 24. 12. 1657 s. S. 110), der auch einige Passagen dieses Schreibens zitiert. Der Brief befand sich damals im Kopenhagener Reichsarchiv (Sammlung Coyet). Noch im Jahre 1929 ist diese Sammlung im Rahmen eines Archivaustauschs in das Reichsarchiv Stockholm gelangt. Dort ist der Brief nach einer mir zugegangenen Mitteilung von Frau Kerstin Abukhanfusa (10. 6. 1987) jedoch nicht nachweisbar. Auch im Kopenhagener Reichsarchiv konnte dieses Schreiben nicht ermittelt werden (Mitteilung vom 8. 10. 1987).

81 Esaias Brief vom 31. 3. 1658 ist in den oben (s. Anm. 78) erwähnten Beitrag Hoffmanns vollständig veröffentlicht worden. Im schwedischen Reichsarchiv (Coyteska samlingen, E 3402, brev 113 u. 114) befinden sich zwei Briefe von Heinrich v. Einsiedeln und Alessandro di Ludovici, die am 21. 4. 1658 in Jena geschrieben wurden. In beiden Schreiben geht es um die bevorstehende Abreise Pufendorfs. Ich danke Frau Abukhanfusa, daß sie mir freundlicherweise Kopien dieser Briefe zur Verfügung gestellt hat.

82 Dieser Brief wird in der Materialsammlung des folgenden Kapitels erstmals veröffentlicht. Es handelt sich um das früheste derzeit bekannte Autograph Pufendorfs. Interessanterweise hatte sich auch das Schreiben des Esaias Pufendorf mit der Bitte um Aufnahme in das Collegium Gellianum erhalten. Am 10. 9. 1934 hat der Antiquariatshändler Karl von Hohenlocher den Brief (Leipzig, 24. 11. 1650, 1 Seite) zusammen mit anderen Autographen der UB Leipzig zum Kauf angeboten. Da sämtliche in dem Schreiben vom 10. 9. 1934 aufgezählten Briefe heute im Besitz der Leipziger UB sind, ist zu vermuten, daß auch jener Pufendorf-Brief erworben wurde. Leider konnte er trotz intensiven Suchens bisher nicht gefunden werden.

früheste uns erhaltene Autograph Pufendorfs. Leider lassen sich aus diesem Schreiben keine Angaben zur Biographie des Verfasssers gewinnen. Der breiten Darstellung der Notwendigkeit und Nützlichkeit der Schaffung von Sozietäten folgt ein Lob des eben erst ins Leben gerufenen Collegium Anthologicum und die Bitte um Aufnahme in den Kreis der Gemeinschaft. Alles dies wird mit der breiten Rhetorik blumiger Redewendungen, panegyrischer Lobpreisungen und die eigene Person diminuierender Floskeln vorgetragen. Noch am 14. 7. erfolgte Pufendorfs Aufnahme in das Kollegium und in der Sitzung des gleichen Tages, es ist die vierte Zusammenkunft der Gesellschaft[83], hat er bereits seinen ersten Vortrag gehalten.

Insgesamt sind uns die schriftlichen Fassungen von 48 Referaten erhalten, die Pufendorf in der Zeit vom 14. 7. 1655 bis zum 27. 3. 1658 im Kollegium vorgetragen hat. Da die Möglichkeit besteht, daß er auch innerhalb des Zeitraumes, aus dem uns keine Protokolle überliefert sind (18. 10. 1656–6. 3. 1658), an einigen Versammlungen teilgenommen hat, müssen das nicht alle Beiträge sein, die von ihm beigesteuert wurden. Diese Vermutung wird durch ein Schreiben Pufendorfs an Adam Rechenberg vom 12. 4. 1684 erhärtet, in dem eine „Oratio de passaviensi transactione oder pace religiosa" erwähnt wird, die er im Collegium Anthologicum gehalten haben will. Ein Vortrag dieses Inhaltes läßt sich in den Protokollen jedoch nirgends nachweisen.[84] Der Umfang der protokollierten Vortragsfassungen schwankt zwischen wenigen Zeilen und fünf bis sechs Seiten. Die dort behandelten Themen gestatten uns einen Einblick in die Interessengebiete, die Pufendorf in den Jahren 1655/56 beschäftigten. Es sind dies in erster Linie historische Fragestellungen, wobei die Geschichte des Altertums das unbedingte Schwergewicht bildet, und in zweiter Linie, jedoch mit weitem Abstand, exegetische Untersuchungen zu den Büchern des Alten und Neuen Testaments. Bei den Vorträgen historischer Thematik fällt auf, daß sie nicht nur Faktenwissen auseinanderbreiten, sondern zumindest an einzelnen Stellen auch rechtsphilosophische Interessen des Verfassers zu erkennen geben. Besondere Beachtung gebührt hier einem Referat Pufendorfs vom 4. 8. 1655, das im Textanhang dieses Aufsatzes im vollen Wortlaut wiedergegeben wird. Das Thema ist die im 17. und 18. Jh. so heftig diskutierte Frage nach dem Ursprung des Staates.[85] Pufendorf geht von drei Möglichkeiten der Erklärung aus. Die in der Antike von Horaz und Cicero vertretene Ansicht, die Dichter bzw. Redner hätten einen führenden Anteil an der Konstituierung der Organisation der menschlichen Gesellschaft, wird von ihm zurückgewiesen. Dahinter stünden falsche Vorstellungen (Lukrez!) über die Entstehung der ersten Menschen und deren Lebensformen. Diese hätten, auch hier steht ungenannt Lukrez im Hintergrund, von Anfang an kein

83 Daß bereits am 14. 7. die vierte Sitzung des am 2. 7. gegründeten Vereins stattfand, erklärt sich daraus, daß in den ersten Monaten seines Bestehens die Zusammenkünfte zweimal in der Woche durchgeführt wurden.

84 UB Leipzig, Ms 0335, Bl. 247^{r}. Veröffentlicht bei Meyer (s. Anm. 8), S. 15.

85 Zur Entwicklung dieser Diskussion vgl. Rolf Lieberwirth, Die historische Entwicklung der Theorie vom vertraglichen Ursprung des Staates und der Staatsgewalt (= Sitzungsberichte der Sächsischen Akademie d. Wiss. zu Leipzig, Phil.-hist. Klasse, Bd. 118, Heft 2), Berlin 1977.

voneinander isoliertes Leben geführt, sondern seien in Familienverbänden zusammengeschlossen gewesen. Zur Entstehung des Staates ist es nach Pufendorf auf zwei Wegen gekommen: Dem Menschen sei durch das höchste Wesen die Fähigkeit eingepflanzt worden, sich der Macht eines anderen unterzuordnen. Darauf beruhe die Autorität des Vaters, des Ehemannes, der Herrn über den Sklaven usw. Dieser Drang zur Gemeinschaft mit anderen Menschen erkläre beispielsweise, warum nächst dem Verlust des Lebens eine lebenslange Haft als die schwerste Strafe empfunden werde. Pufendorf folgt hier im wesentlichen den Vorstellungen des Hugo Grotius vom *appetitus societatis*, die er am Beginn seines Vortrages unter Verzicht einer Namensnennung als zweite Möglichkeit der Erklärung der Entstehung staatlicher Gewalten kurz anführt: *„Alij pro naturae inclinatione spontaneaque hominum subjectione pugnant."* Dies sei jedoch nicht die einzige Ursache für die Herausbildung des Staatswesens. Als entsprechende Triebkräfte seien ebenso auch die Dürftigkeit *(indigentia)* des menschlichen Lebens und die mit der Zahl der Menschen wachsende allgemeine Schlechtigkeit *(malitia)* zu werten. Dies sind die Gründe, die zur Übertragung der Macht an denjenigen führen, der die anderen an Tüchtigkeit *(virtus)* und Verdiensten *(merita)* überragt. Der durch ihn organisierte Staat schränkt mittels der gegenseitigen Hilfe die die einzelne Familie bedrängenden Nöte ein und hält alle Kräfte, die die öffentliche Wohlfahrt behindern könnten, nieder.

Diese hier referierten Gedankengänge lassen leicht erkennen, daß Pufendorf wesentliche Elemente seiner späteren Naturrechtslehre bereits in Leipzig entwickelte, daß er also die ihn entscheidend bestimmenden Anregungen nicht allein seiner Bekanntschaft mit Weigel[86] und seinem Aufenthalt in Jena zu verdanken hat.[87] Insbesondere die dem Einfluß von Thomas Hobbes zugeschriebene Modifikation der von Grotius vertretenen Theorie über die Entstehung des Staates läßt sich in Pufendorfs Leipziger Vortrag ansatzweise verfolgen. Zwar steht der *appetitus societatis* des Grotius noch im Vordergrund, also der dem Menschen angeborene Wille zur Gemeinschaftsbildung, daneben tritt jedoch bereits eine rein rationale Motivation, begründet in der *imbecillitas* des Menschen. Die Meinung Jean Bodins, die dritte der von Pufendorf geneannten Theorien zur Herausbildung der Staatsgewalt, die die

86 In der bisherigen Literatur ist nicht beachtet worden, daß Pufendorf Weigel durchaus schon in Leipzig kennengelernt haben könnte, da Weigel von 1647 bis 1653 hier wirkte. Sein Wechsel zur Universität Jena erfolgte im Sommer 1653. Vielleicht ließe sich aus einer solchen frühen, bisher allerdings nicht beweisbaren Bekanntschaft Pufendorfs kurzes, der Promotion dienendes Gastspiel in Jena im Sommer 1656 erklären. In diesen Zusammenhang könnte auch Dahlmanns Behauptung, Weigel habe Pufendorf zum Erwerb des Magistergrades überredet, eingeordnet werden.

87 Vgl. Notker Hammersteins Bemerkung: „In der Zeit zwischen seinem Jenaer Magister 1658 und der Veröffentlichung der acht Bücher „De Jure Naturae et Gentium" 1672 war er ausgereift und zu seiner vielbewunderten und bewundernswerten Gestalt gelangt." (N. Hammerstein, Samuel Pufendorf, in: Staatsdenker im 17. und 18. Jahrhundert, Frankfurt/M. 1977, S. 176 f.) Zur Behandlung des Staates im damaligen Hochschulunterricht vgl. Rolf Lieberwirth, Der Staat als Gegenstand des Hochschulunterrichts in Deutschland vom 16. bis zum 18. Jahrhundert (= Sitzungsberichte der Sächsischen Akademie der Wiss. zu Leipzig, Phil.-hist. Klasse, Band 120, Heft 4), Berlin 1978.

Errichtung eines Gemeinwesens ganz auf die Erlangung und Ausübung der absoluten Macht abstellt, sei daher nicht haltbar. Der Zusammenschluß der Menschen vollziehe sich im wesentlichen auf dem Wege der Freiwilligkeit; erst wenn die so begründete Gemeinschaft den Versuch unternehme, ihre Herrschaft über die Grenzen hinweg auszudehnen, komme die Anwendung der Gewalt ins Spiel.

Im Anschluß an dieses Referat hat Pufendorf in den folgenden Monaten[88] insgesamt 27 Vorträge zur Geschichte Assyriens, des Achämenidenreiches und Makedoniens zu Gehör gebracht. Es ist anzunehmen, daß es sich hier um eine Aufgabe handelte, die ihm laut Statuten seitens des Collegiums gestellt worden ist. Eine gründliche Analyse dieser Beiträge unter der Fragestellung, welche Aussagen zur Entstehung und Entwicklung von Staaten sich eventuell ermitteln lassen, wäre wünschenswert, ginge jedoch über den Rahmen der vorliegenden Untersuchung hinaus.

Die insgesamt neun theologischen, sich meist mit exegetischen Themen beschäftigenden Beiträge Pufendorfs stehen zahlenmäßig weit hinter den eben erwähnten, historischen Gegenständen gewidmeten Referaten zurück, beweisen jedoch immerhin, daß Pufendorf die Theologie nicht in dem Grade aus dem Kreis seiner Interessen verbannt hat, wie dies seine Biographen wissen wollen. Die restlichen 14 Vorträge Pufendorfs berühren die verschiedensten Themen. Fünf Beiträge behandeln Fragen der antiken und jüdischen Kulturgeschichte; vier Referate beschäftigen sich mit dem germanischen Altertum und der mittelalterlichen deutschen Geschichte[89]; zwei Reden wenden sich Themen der neueren historischen Entwicklung zu; ein Protokoll beschäftigt sich mit Heraklit; ein letzter Beitrag schließlich handelt über die Ähnlichkeit der Aussprüche biblischer und antiker Autoren.

5. Texte und Materialien

5.1. Verzeichnis der Mitglieder des Collegium Gellianum

Die folgende Liste verzeichnet sämtliche Mitglieder des Collegium Gellianum von seiner Gründung bis zu seiner Auflösung. Die Namen werden in der Reihenfolge wiedergegeben, wie sie im Mitgliederverzeichnis des Ms 2617 der UB Leipzig aufgeführt worden sind. Da es hier nicht um eine Edition dieser Liste geht, wurden etwaige Latinisierungen, der Namen rückgängig gemacht. Die biographischen Angaben beschränken sich auf die Zeit des Aufenthaltes in Leipzig.

1. Friedrich Rappolt (1615–1676): 1636 Magister, 1642 Konrektor der Thomasschule, 1651 Prof. der Dialektik, 1653 Rektor der Nikolaischule, 1656 Prof. der Poesie, 1670 Prof. der Theologie

88 Pufendorf hat allerdings bereits am 18. 7. 1655 einen Vortrag zu diesem Themenkomplex zu Gehör gebracht.

89 Darunter befindet sich auch ein sechs Seiten umfassender Vortrag, der bereits einige Themen des „Monzambano" anklingen läßt: *Quomodo respublica Germanorum imperij Romani nomen sit adepta, et quidnam cum eo proprie ad Germanos pervenerit?* (Sitzung vom 21. 7. 1655).

2. Johannes Strauch (1612–1680): 1639 Magister, 1648 Prof. der lat. Sprache und Geschichte, 1652 Prof. der Jurisprudenz in Jena

3. Theophil Coler (1618–1685): 1642 Magister, 1648 Schulrektor in Naumburg

4. Christian Ziegenhorn (gest. 1645 in Gera)

5. Georg Friedrich Ungebauer

6. Gottfried Knauth (1616–1685): 1640 Magister, 1644 Lehrer in Dresden

7. Samuel Lange (1618–1667): 1637 Magister, 1651 Dr. theol., 1659 Archidiakon an der Thomaskirche, 1662 Prof. d. Theol.

8. Samuel Avenarius

9. Caspar Ziegler (1621–1690): 1643 Magister, 1655 Prof. der Jurisprudenz in Wittenberg

10. Benjamin Stolberg (1620–1662): am 19. 2. 1643 in das Collegium aufgenommen, 1642 Magister, 1652 Konrektor der Kreuzschule in Dresden

11. Christian Friedrich Franckenstein (1621–1679): am 11. 6. 1643 aufgenommen, 1640 Magister, 1643 Tertius an der Nikolaischule, 1650 Gymnasialdirektor in Halle, 1652 Prof. der lat. Sprache und Geschichte in Leipzig

12. Leonard Ursinus (eigentl. Beer) (1618–1664): am 14. 1. 1644 aufgenommen, 1640 Magister, 1652 Prof. der Botanik, 1653 Dr. med.

13. Michael Clügel: am 7. 12. 1645 aufgenommen

14. Johann Sigismund Schwenck (gest. 1670): Aufnahmedatum nicht angegeben, 1659 Prof. der Dialektik, 1663 Lic. Theol.

15. Johannes Christoph Lichtner (1626–1687): Datum der Aufnahme nicht angegeben, 1649 Magister, 1655 Assessor der Phil. Fak.

16. Johannes Leonhard Franckenstein (1627–1657): am 12. 12. 1647 aufgenommen, 1649 Magister, 1656 Konrektor in Schleusingen

17. Paul Hoernigk (gest. 1664): am 11. 2. 1649 aufgenommen, 1649 Magister, 1656 Eintritt in die Dienste des Herzog Moritz von Sachsen-Zeitz

18. Matthias Zimmermann (1625–1689): am 23. 9. 1649 aufgenommen, 1651 Rektor in Weißenburg (Siebenbürgen)

19. Thomas Steger (1628–1674): am 23. 9. 1649 aufgenommen, 1649 Magister, 1657 Diakon an der Thomaskirche, 1671 Archidiakon

20. Esaias Pufendorf (1628–1689): am 24. 11. 1651 aufgenommen, 1648 Magister, verläßt im September 1653 Leipzig

21. Johannes Christian Stolberg: am 14. 3. 1653 aufgenommen, 1652 Magister, verläßt im September 1653 das Collegium

22. David Lindner (1626–1683): am 30. 10. 1653 aufgenommen

23. Johann Benjamin Schilter (1632–1684): 1654 aufgenommen, 1655 Magister, 1663 Diakon an der Wenzelskirche in Naumburg

24. Johannes Schilter (1632–1705): 1654 aufgenommen, 1655 Magister, 1659 Jurist in Naumburg

25. Johannes Adam Scherzer (1628–1683): am 17. 12. 1654 aufgenommen, 1650 Magister in Jena, 1658 Prof. der hebräischen Sprache in Leipzig, 1666 Dr. theol.

26. Eberhard Müller (s. Verzeichnis der Mitglieder des Collegium Anthologicum): am 17. 12. 1654 aufgenommen

27. Johannes Andreas Bose (1626–1674): am 25. 3. 1655 aufgenommen, 1646 Magister, 1656 Prof. der Geschichte in Jena

28. Johannes Friedrich Leubnitz (1632–1696): am 9. 12. 1655 aufgenommen, 1653 Magister, Lehrer an der Thomasschule, Stiefbruder von G. W. Leibniz

29. Johannes Leyser (s. Verzeichnis der Mitglieder des Collegium Anthologicum): am 9. 12. 1655 aufgenommen

30. Christoph Heinrich Müller (gest. 1663): am 15. 2. 1657 aufgenommen, Assessor der Phil. Fak.

31. Jonas Rotthoff: am 15. 2. 1657 aufgenommen

32. Christoph Seifert (1623–1702): am 22. 2. 1657 aufgenommen, 1653 Magister, 1657 Konrektor in Görlitz

33. Paul Ammann (1634–1691): am 4. 7. 1658 aufgenommen, 1657 Magister, 1662 Dr. med., 1674 Prof. der Botanik, 1682 Prof. der Physiologie

34. Jakob Born (1638–1709): am 4. 7. 1658 aufgenommen, 1659 Magister, 1661 Senator in Leipzig, in den folgenden Jahren Übernahme verschiedener Ämter in Leipzig

35. Johann Benedikt Carpzow (1639–1699): am 26. 12. 1658 aufgenommen, 1659 Magister, 1665 Prof. der Moral, 1678 Dr. theol., 1684 Prof. der Theologie

36. Valentin Alberti (s. Verzeichnis der Mitglieder des Collegium Anthologicum)

37. Paul Bose (1630–1694): kein Aufnahmedatum, 1659 Magister, 1669 Diakon in Dresden

38. Gottfried Friederici (1636–1684): kein Aufnahmedatum, 1665 Pfarrer in Breslau

39. Johannes Olearius (1639–1713): kein Aufnahmedatum, 1660 Magister, 1664 Prof. der Griech. Sprache, 1677 Prof. d. Theologie

40. Joachim Feller (1638–1691): kein Aufnahmedatum, 1660 Magister, 1670 Prof. der Poesie, 1676 Bibliothekar der UB Leipzig

41. Thomas Ittig (1643–1710): kein Aufnahmedatum, 1663 Magister, 1697 Prof. d. Theologie

42. Johannes Stohr: kein Aufnahmedatum, 1663 Magister und Kantor in Schulpforte

43. Otto Mencke (1644–1707): kein Aufnahmedatum, 1664 Magister, 1669 Prof. der Moral

44. Friedrich Nitzsche (1641–1702): kein Aufnahmedatum, 1664 Magister, 1668 Prof. der Mathematik in Gießen

45. Samuel Benedikt Carpzov (1647–1707): kein Aufnahmedatum, 1666 Magister, 1670 Prof. der Poesie in Wittenberg

46. Christoph Pfautz (1645–1711): kein Aufnahmedatum, 1664 Magister, 1676 Prof. der Mathematik

47. Johannes Cyprian (1642–1723): kein Aufnahmedatum, 1665 Magister, 1676 Prof. der Physik, 1710 Prof. der Theol.

48. Christoph Schraeder (1642–1709): kein Aufnahmedatum, 1666 Magister, 1674 Pfarrer in Halle

5.2. Verzeichnis der Mitglieder des Collegium Anthologicum von seiner Gründung (1655) bis zum Ausscheiden Pufendorfs (April 1658)

Im folgenden wird die im Ms 2622 enthaltene Mitgliederliste im Wortlaut und unter Beifügung aller später zu den Personen notierten Bemerkungen wiedergegeben. Die Erläuterungen des Verfassers wurden in Klammern gesetzt. Die nach dem April 1658 eingetretenen Mitglieder sind dem von Gebauer aufgestellten Verzeichnis zu entnehmen.

1. M. Johannes Hrabskius, Radwan. Panno. Honorarius et immunis.[90] Obiit in Pannoniis. (in der Leipziger Matrikel nicht nachweisbar)

2. M. Wolfgang Abraham Steger, Zebliz. Misn. Pastor, obiit Mense Janu. 1665 (immatrikuliert Wintersemester 1645, 1652 Magister, 1658 Pfarrer in Wiedemar)

3. M. Wolfgangus Ouw, Flensburgensis Holsatus (Wolfgang Aue, 1632–1676, Studium in Rostock und Leipzig, Immatrikulation im Sommersemester 1655, 1660 Pfarrer in Flensburg)

4. M. Henricus Reißlandt, Danheimia Thur. Honorarius et immunis. XVI. Jan. MDCLXI beate moritur (1628–1661, Studium in Jena, Immatrikulation in Leipzig im Sommersemester 1650, später in Wittenberg, Bacc. theol. 1659; Mitglied ab 11. 7. 1655)

5. M. Eberhardus Müller, Coll. Wittenb. Philos. Adjunctus. Ecclesiastes Thoruniensis. peste moritur 4 Octobris Anno 1660 (aus Reval, immatrikuliert im Wintersemester 1654, 1655 Magister

6. M. Paulus Frisius, Lubecensis (immatrikuliert im Sommersemester 1655, Magister am 23. 1. 1656; Mitglied ab 7. 7. 1655)

7. M. Samuel Pufendörffer, Chemnicensis. Prof. Publ. Palatinus. Post Baro et Consiliarius Intimus Brandenb. (1632–1694, immatrikuliert im Sommersemester 1645, Magister am 19. 8. 1656 in Jena; Mitglied ab 14. 7. 1655)

90 Vgl. Kapitel VII der Statuten.

8. M. Ludovicus Regastus, Stargard Pom. Fatis concessit inter collegae primus in patria (immatrikuliert im Wintersemester 1653, Mitglied ab 21. 7. 1655)

9. M. Johannes Carolus Neuschellerus, Reutlinga Alemannus. Designatus Organi P. P. in hac Philurea pietate mortuus est XI. Oct. 1666 (1632–1666, immatrikuliert im Sommersemester 1654, 1661 Magister; Mitglied ab 1. 9. 1655)

10. M. Johannes Lyserus, Lips. Pastor in Gymnas. Portensi. (1631–1684, immatrikuliert im Wintersemester 1637, 1653 Magister, 1664 Inspektor und Pfarrer in Schulpforte, später entlassen, durchirrte als Flüchtling verschiedene Länder Europas; Mitglied ab 3. 11. 1655)

11. M. Baltasar Baebelius, Argentoratensis. D. P. P. et Eccles. Argentor. (1632–1686, immatrikuliert im Sommersemester 1655, 1661 Prof. und Pfarrer in Straßburg, 1686 Prof. und Generalsup. in Wittenberg; Mitglied ab 19. 1. 1656)

12. M. Matthias Barwasser, Ascania-Saxo. Pastor (immatrikuliert im Sommersemester 1645, Magister 1655; Mitglied ab 17. 5. 1656)

13. M. Bernhardus Dresingk, Hervordia-Guestphalus. D. et Superint. (immatrikuliert im Wintersemester 1653, Mitglied ab 17. 5. 1656)

14. M. Nicolaus Eppstein, Dantiscanus (immatrikuliert im Wintersemester 1656; wurde nach dem 18. 10. 1656 Mitglied)

15. M. Melchior Lucht, Dresd. Misn. Pastor. (immatrikuliert im Sommersemester 1649; in den Protokollen als Mitglied nicht nachweisbar)

16. M. Johannes Christopherus Fritsch, Thur. Consiliar. (aus Martisburg, immatrikuliert im Wintersemester 1658, in den Protokollen nicht nachweisbar)

17. M. Valentinus Alberti, Sil. P. P. Dial. et Metaph. Lipsiens. (1635–1697, immatrikuliert im Sommersemester 1651, 1656 Magister, 1678 Dr. theol.; im März 1658 als Mitglied nachweisbar)

18. M. Johannes Conradus Barthus, Alsatus. Legato R. Dan. in concionibus iam senior ministerii Sempronium (gest. 1692, in der Matrikel nicht nachweisbar; in den Protokollen nicht nachweisbar)

19. M. Johannes Bergius Gedanensis. Obiit Supr. Mens. Febr. MDCLX in patria (immatrikuliert im Sommersemester 1653, 1657 Magister; im März 1658 als Mitglied nachweisbar)

5.3. *Die Statuten des Collegium Anthologicum*

Der Abdruck erfolgt nach der im Ms 2622 der UB Leipzig (Bl. 4r–10r) überlieferten Fassung.

Collegii Anthologici Leges

Caput I

De conventibus Collegii

§ 1. Per singulas hebdomadas conventus statos agent Collegae, quibus destinatae erunt diei Saturni horae pomeridianae a secunda ad quartam[91]. Collegarum quilibet mature ut adsit curabit. Cujus accessum hora secunda[92] anteverterit, solvet 6 d.

§ 2. Si nec intra primum quadrantem horae tertiae[93] adfuerit, multam solvet unius grossi.

§ 3. Morbo aut itinere necessario qui detentus fuerit, indemnis esto. De caetero, qui ad conventum peritus non accesserit, ni absentiae suae causas toti Collegio adprobaverit, culpam luet duobus grossis.

§ 4. Quod si vero cui negotia moram non patientia horas collegio dicatas eripuerint, significare id ante vel per se vel per alium saltim sub Collegij tempus tenetur. Id qui facere supersederit, fiscum placabit 1 g.

§ 5. Si quem ante auditam quartam[94], postquam sua in medium protulerit, negotia avocabunt, excusatus erit, si verbis veniam petierit, quam tamen et impetrare poterunt 6 d.

Caput II

De materia et modo proponendi

§ 1. Operae cuique suae a Collegio assignabuntur. Qui nulli certae materiae fuerit adstrictus, selectiora ut adferat, curabit. Suarum quilibet partium pro virili sataget. Spinosa, tetrica et otiosorum hominum subtiles naeniae heic non audientur. Utile dulci qui miscuerit, applausum merebitur. Latinam linguam ad omnia adhiberi volumus.

§ 2. Ordo proponendi nulli neque praeeminentiam neque ignominiam conciliabit, quemcunque aut consuetudo, aut praesentis temporis ratio suaserit.

§ 3. Nemo alterius sermonem temere interpellare praesumat; Quod si vero quaedam alicui scrupulum moverint, poterit id post absolutum ipsius pensum facere, modeste tamen, et sine omni specie de eruditione aut existimatione ejus detrahendi, asperae facetiae et molestae cavillationes absunto.

§ 4. Qui eandem bis cecinerit cantilenam, incurret multam sex nummorum.

§ 5. Ante quartam[95] auditam si quis sua nondum exposuerit siquidem ipse in culpa fuerit, solvit 6 d. Sin alterius importuna garrulitas obstiterit, iste poenam eandem subibit.

91 Von späterer Hand in „tertiam ad quintam" geändert.

92 Von späterer Hand in „tertia" geändert.

93 Von späterer Hand in „quartae" geändert.

94 Von späterer Hand in „quintam" geändert.

95 Von späterer Hand in „quintam" geändert.

§ 6. In medium qui nihil attulerit, multam subibit unius grossi.

§ 7. Suum quisque pensum in schedulam conjiciet, ex qua in codicem communem id referet, cui vices istae erunt demandatae. In orbem autem quaelibet dicto codici inserendi munus ibit, si quis eo per trimestre spatium est defunctus, vicino munus illud tradet. Qui ultra septimanam istam inscriptionem distulerit, dispendium faciet duorum grossorum.

§ 8. Si quid inciderit, quod impraesentiarum expediri non possit, uni aut pluribus poterit demandari provincia curatius in istam rem inquirendi, eamque proximo conventu denuo proponendi.

Caput III

De adsciscendis novis collegis

§ 1. Per suffragia singulorum in hoc Collegium aditus datur. Ut aliquis non recipiatur, trium Collegarum dissensio efficiet. Nemo de aliquo inter collegas adoptando referat, nisi de cujus eruditione, vita, studiorum professione digna, moribusque placidis constiterit. Procul o procul sunto nasutuli, dicaces, cavillatores, αὐθάδεις, biliosi, superciliosi, aliorum despectores sui admiratores, quique omnia miscere malunt, quam suo non abundare sensu.

§ 2. Numerus Collegarum supra denarium (inclusis etiam honorarijs) non facile adscendet. Quem ubi suppleri opus fuerit, poterit quilibet Collegarum unum pluresve designare. Qui justa habuerit suffragia, certior mature poterit reddi, ut siquidem recipi placuerit, literas prius petitorias conficiendi spatium habeat. Eas ante vel sub istius, quo recipi cupit, conventus initium collegio insinuari curabit. Ipse circa quintam[96] subsequi poterit. Ingressum latina oratiuncula excipiet aliquis collegarum, quem istae vices deligerint (nam et hae in orbem ibunt). Huic recens adoptatus respondebit, et se stipulata manu legibus Collegij adstringet. Fiscum quoque munusculo demereri non pigebit, quod tamen non sit infra 8 gr.

§ 3. Discessurus, cui honestam sui memoriam Collegio cordi valedicere decenter haut insuper habeat. Fisci gratiam munere pecuniario pro modulo Facultatum redimere haut iniquum fuerit. His observatis reverso quovis tempore ad Collegium aditus patebit.

Caput IV

De conferenda symbola et expensis fisca

§ 1. Quarto quoque conventu singuli collegae singulos grossos conferant, quos fisci praefecto rationibus inferre curae erit.

§ 2. Hospites haut temere quis adducere praesumat, nisi si Collegio aliquod inde emolumentum queat oriri. Quod si tamen quis adductus fuerit, fiscus ultra 6 grossos haut erogabit ad sumtus, qui in eum erunt faciendi, reliquum solvet, qui adduxit.

§ 3. Quotannis festo visitationis Mariae Natalis collegij celebrabitur, ubi praefectus fisci frugale convivium apparari curabit. Bibetur heic poculum Memoriae pro Collegis honorarijs absentibus, si qui fuerint, nec non pro incremento Collegij.

96 Von späterer Hand zuerst in „tertiam" und schließlich in „quartam" geändert.

Caput V
De executione legum

§ 1. Penes Advocatum Fisci erit deferre, si quis contra Leges quid fecisse arguatur. Accusatus si quid in sui excusationem potest proferre proferat, sed sincere, nulla usus insidiosa Legum cavillatione aut elusione. Tum singuli suffragia ferant, quicquid major pars decreverit, ratum est. Qui contumaciter poenam detrectaverit, in duplum damnabitur. Vota aequalia valent hic pro sententia mitiori.

§ 2. In absentem nihil statuatur. Praesentibus singulis tractetur quod omnes ac singulos tangit.

§ 3. Legum si quae ambiguae fuerint, interpretatio penes Collegas universos erit. Contra consuetudinem tamen nihil temere statuetur.

Caput VI
De mutuis Collegarum erga se officiis

§ 1. Carmine quilibet Collegarum alteri gratulari tenetur, de honore ipsi oblato aut simili re, de qua vulgo politiores homines sibi invicem solent gratulari. Negligens heic qui fuerit, solvet 6 d.

§ 2. Alias quoque debito se invicem prosequantur honore Collegae. Nemo dicacitatem suam in altero exerceat, aut facetias jaciat, quae jurgijs aut simultatibus fomitem possunt suppeditare. Exulabit quoque nimia illa familiaritas, qua male feriati quidam homines gaudent, ut illi se amicum non credant, nisi quem scurriliter ac remoto omni civilitatis usu tractaverint.

§ 3. Si quid forte inter aliquos Collegarum dissidij ortum fuerit, reliquorum erit operam dare, ut primo quoque tempore discordes in gratiam reducantur.

Caput VII
De honorariis

§ 1. Si quis fuerit, cui ob sufficientes causas parum commodum fuerit in omnibus ad rigorem legum se adstringere, quique se honorarij nomine censeri cupiat, poterit id sibi procurare, si pro receptione minimum Ioachimicum solvat; sique duplum conferat eranum, et in reliquis quoque liberalior in fiscum fuerit. Tenetur tamen idem saltim post horam tertiam adesse, et sua quoque in medium afferre Κωφὰ πρόσωπα nihil ad nostrum institutum.Quanquam haut faciles erunt Collegae in concedendo isto privilegio, nisi graves id suadeant causae. Μηδεὶς ἡμέων ἀνονήϊσος ἔσω. 'Ει δὲ μὴ, ἄλλη τε καὶ ἄλλων.

5.4. Samuel Pufendorfs Bewerbungsschreiben vom 14. 7. 1655 mit der Bitte um Aufnahme in das Collegium Anthologicum

Das Original des Briefes befindet sich heute in der Bayerischen Staatsbibliothek München (Clm 2106, Bl. 136v–137r). Ich danke Herrn Dr. Kudorfer recht herzlich für die Zusendung einer Kopie dieses Schreibens. Der edierte Text folgt in jeder Beziehung der Schreibweise des Originals. Lediglich wurden u und v dem Lautwert entsprechend normalisiert und alle Ligaturen oder Kürzungen aufgelöst.

Viris

Pereximiis, Praestantissimis, Doctissimis atque Humanissimis Collegii Philopolyhistorici membris Clarissimis, Fautoribus atque Amicis meis omni Amoris atque honoris cultu perpetuum afficiendis.

S. et O.

Quam non temere, sed sapientissimo, ut omnia, consilio, supremus Naturae Architectus humano animo cupidinem inseverit ad Societatem Similium se avidissime adjungendi, nulli cui sinistra salit mamma dubium esse potest, ad quodcunque genus vitae sententiae hujus veritatem exigere libitum fuerit. Absque ista enim hominum in mutua officia conspirantium[97] conjunctione si foret, quid humana vita inamoenius, quid egenius, quid denique morti similius excogitari posset? Prolixius ista deducere nec instituti mei ratio patitur, nec intra epistolae angustias claudere fas, quod verbosae declamationi uberem poterant materiem praebere. Illud saltem leviter perstrinxisse suffecerit, quantum in augenda supellectile literaria momenti adferat, doctis bonisque sese applicare, et conjunctis operis illud quaesitum ire, cujus possessione tuto hominis praestantiam metiaris licet. Equidem haud diffiteor, nullo non seculo copiosam datam fuisse et adhuc dari illorum hominum segetem, queis aut malignam Saturni sidus istam animo inussit asperitatem, ut non secus, ac vespertiliones lucis fulgorem, aliorum omnium consuetudinem aversentur, et ad Lemurum instar horrida solitudinum cupide affectent; aut male sana sui ad miratio istud impressit vitii, ut quam dedecus foret, alteri sua in acceptis referre, omnia proprio gerere Marte praesumant, suique cerebri duabus vix expurgandi Anticyris somnia pro norma perfectionis adorent.[98] Enimvero quam infeliciter tales sese adprobent iis, qui Bona Mente magis utuntur propitia, notius est, quam ut pluribus verbis commemorari debeat. Illi cum Timone suo ad Garamantas facessere jubentur[99], horum, siquando in lucem se proferre ausi fuerint, ἀπειροκαλία petulantiorum splenes, severiorum indignationem exercet. Ast longe aliud, queis literarum humaniorum cultu humanioribus fieri sedet, probatur. Societatem isti amant ut qui maxime, et quod multis placere debet, non nisi inter multos commode addisci aut exerceri statuunt. Quid enim? Sonticum illud φιλαυτίας malum, quo plurimi sibi ad sapientiam perveniendi viam praecludunt, dum se jam pervenisse putant ubi felicius curatur, quam in frequenti coetu, dum alii multis parasangis praecurrentes cristas demittere te adigunt, et tenuitatis tuae convictum in ruborem conjiciunt? Qui acriores torpentibus animorum subdi possunt stimuli, quam si cum aliis honesta aemulatione de palma contenderent, illudque sibi turpissimum duxerint, alteri cui fortean ingenii palma

97 Die Wortfolge „*mutua officia conspirantium*" ist durch Pufendorf mit Hilfe von Ziffern folgendermaßen abgeändert worden: „*mutua conspirantium officia*".

98 Antikyra – Stadt in Griechenland, die im Altertum als Kurort gegen Geisteskrankheiten berühmt war.

99 Garamanten – Nomadenstamm im Innern Libyens.

concedenda, diligentiae ac amoris discendi laudem concedere? Nam vultus hominum posse ferre, nec eorum obtutibus confundi aliisque tacentibus solum non sine animi praesentia verba facere, qui inter brassicarum capita, aut impressas fideliis imagines potius, quam in coetu aequalium discere voluerit, nae ille gravissime animi istius falsus fuerit. Et ista quidem etiam inter illos obtinetur utilitas, qui primis adhuc Musarum sacris initiantur, aut certe adhuc longius ab ipsarum adytis absunt. At vero quam incredibile ad studia redundat emolimentum, ubi non tyranculi aliqui, et qui cum primis adhuc ignorantiae copiis luctantur, sed Mystae jam et ad ἀυτοψίαν arcanorum sapientiae admissi conjunguntur, et de divite penu, selectissima in medium conferunt, neque mutuo non Herculaneis scyphis de dulcissimo penitioris scientiae nectare excipiunt; quae cum his deliciae comprarandae? quae honestior animorum recreatio? immo quae arctior utilitatis cum jucunditate confarreatio excogitari potest? Ne quid dicam de suavissima illa animorum conjunctione, quae literario hoc commercio in florida aetate coalita ad extremum usque vitae terminum perennat, non sine praesentissima animi voluptate, quotiens tam carorum capitum, et horarum bonarum inter bonos tamque bene actarum in mentem venit. Id quod et vos pensi habentes, Viri Juvenes Clarissimi, Pereximiique laudando me hercules instituto, et quod vel solum vestrae quid agitent mentes satis arguerit, Collegium erexistis, in quo de divinis juxta ac humanis dissereretis, lectissimosque flosculos incommune conferretis, ex amoenissimis quibusque Eruditionis areolis decerptos. In quo cum tanta proficiendi occasio(?) ostendatur, quid mirum si et ego caetera minime omnium procax inter illius membra me cooptari ambiam? Equidem inficias iverim, ab impudentiae crimine haud esse liberum, qui paucis vix de nomine, nemini de aliquo eruditionis specimine notus, aliis se ultro obtrudere non erubescat, et qui inter spectatae doctrinae homines censeri postulat, aut nimis tenuiter de istis, aut justo largius de se sentire haud immerito praesumitur. Enimvero cum de vestra humanitate plane sim securus, omnem vel ambitionis vel impudentiae notam, sola discendi cupiditatis excusatione amoliturum me confido, quam professum fuisse nemini unquam fraudi fuit. Agite itaque viri Pereximii consortio vestro longe splendissimo etiam me dignamini, hoc uno nomine commendatum, quod vestra licet intervallo vestigia legere, et ad eadem vobiscum decora aspirare ardeam; nec istum eruditionis vestrae edecumatae contemnandum fructum ducite, si et vos olim in meis rationibus haut minimam paginae partem feceritis, et humanitati vestrae conveniens putate, si patiamini, ut uvula nimis quam adhuc immatura et acerba vestra vicinitate livorem ducat. Quod si voti me mei damnaveritis, totum me vestrum fore spondeo, plura promissurus, si quidquam ab eo amplius postulari posset, qui sibi ipsi nihil reliquit. Pluribus uterer precibus, ni integrum vobis debere beneficium vellem, cujus gratiam non parum istarum prolixitas delibat. Valete, Viri Clarissimi!

Dabam e Museo meo pridie	V. V. Eximiis Praestantissimis
Eidus Quintilis	addictissimus
Anno Christi MDCLV	Samuel Pufendörfer

5.5. Samuel Pufendorfs Vortrag vom 4. 8. 1655 im Collegium Anthologicum über die Entstehung der Staatsgewalt

Der Text wurde der Handschrift 2622 der UB Leipzig entnommen (Bl. 55^{v}–57^{v}). Zur Edition gelten die gleichen Regeln wie im vorausgegangenen Text.

Imperia unde primo extiterunt, non una autorum est opinio. Quidam ignis miraculo homines in societatem coijsse putant. Horatius Poetis[100], Cicero Oratoribus[101] constitutarum societatum laudem asserere satagit. Per vim omnia coepisse imperia Bodinus arbitratur. Alij pro naturae inclinatione, spontaneaque hominum subjectione pugnant. In singulis sententijs est, quod possis desiderare. De igne enim quod adfertur, inter absurdas fabulas haut ultimo loco est ponendum. Nec injuriam feceris Ciceroni, ac Horatio, si dixeris, utrumque ut arti suae aliquam conciliaret venerationem ex meritis in genus humanum collatis, artis suae licentia fuisse usum. Pro fundamento ipsis est, Poetis maxime, tum quod homines primaevos ex saxis, aut duro robore prodijsse[102], ex ignorantiae verae originis hominum prodiderint: tum quod omnes sparsim per agros habitasse crediderint.[103] Enimvero uti per agros primos mortales habuisse domicilia, quippe antequam urbes extructae fuissent, facile admiserim: ita sparsim eos omnes habitasse, nemo concedet, cui notum, in fatali illa gentium dispersione nequaquam singulos homines regionem aliquam occupasse, sed aliquam multas familias, lingua aut cognatione junctas simul migrasse, qui quin prope a se invicem domicilia locaverint, causam nullam video, nisi quis forte, ut junctim aliqui habitare dici queant, vicorum directionem, aut domorum contiguitatem requirat. Circa duas posteriores sententias nobis tali modo procedendum videtur. Abs summo Numine aliquam subordinationem, ex qua alij imperare, caeteri parere apti nati sunt, naturae esse insitam, cuivis sano patet. Ex hoc fonte primum parentum in liberos, mariti in uxorem, dominorum in servos imperium, ut et naturalis illa reverentia, qua seniores, aut alijs quibusvis rebus praestantiores prosequimur, promanavit. Et tanta hominibus est insita societatem colendi cupido, ut vulgo gravissimum post poenam capitis supplicium ducatur, carcerum repagulis per vitam ab hominum societate sequestrari. Ut autem plures familiae inter se jungerentur, suasit et indigentia, qua hominum vita conflictatur, nisi mutuis auxilijs sublevetur; tum summa quoque commoditas et jucunditas, quae ex ista societate redundat; tum etiam, quod augescente mortalium multitudine, et cum hac malitia quoque, injuriae fierent crebriores, queis ut obviam iretur, nulla commodior videbatur ratio, quam si plures juncti communibus viribus aliorum vim propulsarent: inter ipsos autem societatis participes quae orirentur querelae, uni alicui, aut pluribus, queis

100 Horaz, De arte poetica, Verse 390 ff. (Horatius Flaccus: Opera. Ed. F. Klinger. Leipzig 1982⁶, S. 308).

101 Cicero, De oratore, 1. Buch, 8. Kap. (Cicero) De oratore. Ed. K. F. Kumaniecki, Leipzig 1969, S. 12 ff.)

102 Vgl. Lukrez, De rerum natura, 5. Buch, Verse 795 ff. (Lukrez, Über die Natur der Dinge, Lat. und Dt., hrsg. von Josef Martin (= Schriften und Quellen der Alten Welt, Bd. 32), Berlin 1972, S. 334 ff.)

103 Vgl. Lukrez, De rerum natura, 5. Buch, Verse 925 ff.

summa in omnes potestas esset concessa, ad componendum sunt relictae. Caeterum primis seculis penes parentes erat ista potestas, qui in liberos, et nepotes, quos ob longaevitatem longa serie abs se descendentes videbant, jurisdictionem exercebant. Inde patrum in liberos jus vitae necisque, quod ijdem nempe essent et Magistratus quod cur postliminio reduci optet Bodinus, nulla est causa. Posterioribus temporibus cum jungerentur, quos nulla sanguinis vincula stringebant, quaelibet communio, vel civitas, sive uno, sive pluribus vicis aut opppidis, vel etiam integra gente cponstans, plerumque in unum, rarius in plures summam potestatem conferebat. Et ad id fastigij plerumque evehebantur (später Änderung in: provehebantur), qui autoritate per virtutem aut merita in reliquos parta cateros superabant. Confer Justinianus initium libri I.[104] Hoc genus regni apud Philosophum audit Heroicum. Et inde est, quod tum in libro Josuae et Judicum, tum apud Homerum tam multorum regum fiat mentio; quod nempe quodlibet fere oppidum ab uno aliquo regeretur, qui a nemine dependebat. Et hactenus opinio Bodini sine dubio falsa est. At vero post ambitione et habendi libidine invalescente, validissimus quisque imbecilliores opprimendo sua augere caepit. Hinc factum, ut ista exiguorum imperiorum multitudo in pauca quaedam, sed magnitudine insigni conspicua paulatim contraheretur. Quod si itaque Bodinus per imperium intelligit potentem aliquam et insignem rempublicam sive ab uno, sive a pluribus administratam, qualis verbi gratia fuit Assyriorum, Persarum, Romanorum perge aut hodie est Hispanorum et Venetorum etc. tunc facile in ipsius sententiam ire possumus, ita tamen, ut distinguamus prius inter matricem quasi imperij, sive primam radicem, qualis verbi gratia in imperio Romanorum fuit Roma urbs, in Venetorum urbe Venetiarum etc., ubi non necesse est, ut unus, vel plures, qui rerum potiuntur, illud per vim habeant; et inter incrementa istius imperij, quae pleraque per vim facta esse, et adhuc fieri, facili negotio aliquis per inductionem posseit probare quinimo omnino non fieri posse videtur, ut Tyrannus aliquis per solam vim potestatem sibi in omnes imperio suo comprehensos acquirere queat, cum necessario aliqui requirantur non coacti, quorum auxilio in reliquos imperium aut acquirere aut tueri queat. Ultimam quod attinet sententiam, ea omnino est admittenda, si tamen distinguatur inter imperia in genere considerata, quae sine dubio natura pro conservanda mortalium salute requirit: et prout in specie sub hac vel illa forma aut magnitudine veniunt, quo respectu plerumque per diversam a natura causam solent determinari.[105]

104 Im ersten Buch der Digesten wird über die Entstehung der Gesetze berichtet.

105 Im Text der Handschrift folgt noch ein Zitat aus der Rede des Demosthenes gegen Timokrates.

Band 124

Heft 1 Prof. Dr. HANS HIEBSCH, Dr. RENATE HASCHKE, Methodologische Probleme der Psychophysiologie bei der Systemanalyse menschlicher Handlungen 1984. 26 Seiten – 11 Abb. – 8° – M 3,–

Heft 2 Prof. Dr. ALBRECHT NEUBERT, Diskurs über den Diskurs. Neue Denkanstöße in der Sprachwissenschaft oder Zur Gegenstandsbestimmung der Linguistik 1983. 16 Seiten – 8° – M 3,–

Heft 3 Prof. Dr. WERNER BAHNER, Kontinuität und Diskontinuität in der Herausbildung der romanischen Sprachwissenschaft 1983. 40 Seiten – 8° – M 4,50

Heft 4 Prof. Dr. RUDOLF RŮŽIČKA, Sprachwissenschaft und Sprachkunst. Ein Beispiel: Die Metapher 1983. 44 Seiten – 8° – M 5,–

Heft 5 Prof. Dr. JOACHIM MÜLLER, Das Alte und das Neue. Historische und politische Realität in Theodor Fontanes Roman „Der Stechlin" 1983. 34 Seiten – 8° – M 5,–

Heft 6 Prof. Dr. KARL CZOK, Karl Lamprechts Wirken an der Universität Leipzig 1984. 30 Seiten – 1 Abb. – 8° – M 4,–

Band 125

Heft 1 Prof. Dr. ERNST EICHLER, Reinhold Trautmann und die deutsche Slawistik. Mit einem Beitrag von Gerald Wiemers 1984. 74 Seiten – 1 Tafel – 8° – M 8,–

Heft 2 Prof. Dr. SIEGFRIED WOLLGAST, Zur Stellung des Gelehrten in Deutschland im 17. Jahrhundert 1984. 79 Seiten – 1 Abb. – 8° – M 7,50

Heft 3 Prof. Dr. Dr. h. c. EBERHARD POPPE, Universalität der Menschenrechte – Idee und Realität 1985. 20 Seiten – 8° – M 3,–

Heft 4 Prof. Dr. RUDOLF FORBERGER, Vom künstlerisch gestalteten Hartporzellan Böttgers zum technischen Porzellan im 19. Jahrhundert 1985. 30 Seiten – 4 Tafeln – 8° – M 4,–

Heft 5 Prof. Dr. Gerhard Dudek, Die Brüder Karamasow – Zur Struktur der Romane F. M. Dostojewskis 1985. 45 Seiten – 8° – M 4,50

Heft 6 Prof. Dr. ULRICH RICKEN, Probleme des Zeichens und der Kommunikation in der Wissenschafts- und Ideologiegeschichte der Aufklärung 1985. 63 Seiten – 8° – M 6,–

Band 126

Heft 1 Prof. Dr. EBERHARD BRÜNING, Ernest Hemingway – Humanist und Antifaschist 1985. 36 Seiten – 8° – M 4,–

Heft 2 Prof. Dr. ERNST ULLMAN, Von der Macht der Bilder – Kunst und Reformation 1985. 25 Seiten – 16 Tafeln – 8° – M 5,–

Heft 3 Prof. Dr. ERICH DONNERT, Neue Wege im russischen Geschichtsdenken des 18. Jahrhunderts 1985. 73 Seiten – 8° – M 7,50

Heft 4 Prof. Dr. ALBRECHT NEUBERT, Dichtung und Wahrheit des zweisprachigen Wörterbuchs 1986. 23 Seiten – 8° – M 3,–

Heft 5 Prof. Dr. HANS HIEBSCH, Probleme der „sozialen Kognition" 1986. 29 Seiten – 8° – M 3,–

Heft 6 Dr. DETLEF DÖRING, Die Beziehungen zwischen Johannes Kepler und dem Leipziger Mathematikprofessor Philipp Müller. Eine Darstellung auf der Grundlage neuentdeckter Quellen und unter besonderer Berücksichtigung der Astronomie an der Universität Leipzig 1985. 54 Seiten – 1 Farbtafel – 8° – M 7,–

Heft 7 Dr. phil. SYBILLE BLUM, Wortschatz und Übersetzungsleistung in den althochdeutschen Canonesglossen. Untersuchungen zur Handschrift Frankfurt am Main Ms. Barth. 64 1986. 98 Seiten – 8° – M 9,–

Band 127

Heft 1 Prof. Dr. Rolf Lieberwirth, Das sächsisch-magdeburgische Recht als Quelle osteuropäischer Rechtsordnungen 1986. 34 Seiten – 8° – M 6,–

Heft 2 Prof. Dr. DIETER WITTICH, Zur Entstehungs- und Rezeptionsgeschichte von W. I. Lenins Werk „Materialismus und Empiriokritizismus" 1986. 36 Seiten – 8° – M 4,50

Heft 3 Prof. Dr. RUDOLF FORBERGER, Die Widerspiegelung der Industriellen Revolution in Sachsen (1800–1861) in der zeitgenössischen Belletristik *Vorliegendes Heft*

Heft 4 Dr. phil. JULIAN BRANDSCH, Bezeichnungen für Bauern und Hofgesinde im Althochdeutschen 1987. 74 Seiten – 4 Tafeln – 8° – M 7,–

Heft 5 Prof. Dr. GERHARD DUDEK, I. S. Turgenjews „Rudin" – individuelle Romanform und Romantypus 1987. 33 Seiten – 6 Tafeln – 8° – M 5,–

Heft 6 Prof. Dr. GOTTHARD LERCHNER, Literarischer Text und kommunikatives Handeln 1987. 74 Seiten – 8° – M 7,50

Heft 7 Prof. Dr. RIGOBERT GÜNTHER, Die sozialutopische Komponente im frühen Christentum bis zum 2. Jahrhundert 1987. 10 Seiten – 8° – M 3,–

Band 128

Heft 1	Prof. Dr. SIEGFRIED WOLLGAST, Ehrenfried Walther von Tschirnhaus und die deutsche Frühaufklärung	1988. 93 Seiten – 8° – M 7,50
Heft 2	Prof. Dr. ERNST EICHLER, Dr. GERALD WIEMERS, Zwei Beiträge zur Geschichte der Slawistik	1988. 54 Seiten – 8° – M 6,–
Heft 3	Prof. Dr. FRIEDRICH MÖBIUS Die Dorfkirche im Zeitalter der Kathedrale (13. Jh.). Plädoyer für eine strukturgeschichtliche Vertiefung des Stilbegriffs	1988. 67 Seiten – 52 Abb. – 8° – M 10,50
Heft 4	Prof. Dr. JACQUES D'HONDT, Hegel und Frankreich	1988. 18 Seiten – 8° – M 3,–
Heft 5	Prof. Dr. EBERHARD POPPE, Menschenrechte im Wandel	1988. 24 Seiten – 8° – M 3,–
Heft 6	Prof. Dr. KLAUS MYLIUS, Zur Erschließung der altindischen Ritualliteratur: Āsvalāyana-Śrautasūtra V und VI	*In Vorbereitung*

Band 129

Heft 1	Prof. Dr. ERNST WERNER, Die hussitische Revolution: Revolutionsbegriff und Revolutionsergebnis im Spiegel marxistischer, insonderheit tschechoslowakischer Forschungen	*In Vorbereitung*
Heft 2	Dr. DETLEF DÖRING, Samuel Pufendorf und die Leipziger Gelehrtengesellschaften in der Mitte des 17. Jahrhunderts	*Vorliegendes Heft*
Heft 3	Prof. Dr. ULRICH RICKEN, Leibniz, Wolff und einige sprachtheoretische Entwicklungen in der deutschen Aufklärung	*In Vorbereitung*
Heft 4	Prof. Dr. LIESELOTTE BLUMENTHAL, Schillers Freund Harbauer	*In Vorbereitung*
Heft 5	Prof. Dr. SIEGFRIED WOLLGAST, Karl Christian Friedrich Krause (1781–1832) – Anmerkungen zu Leben und Werk	*In Vorbereitung*
Heft 6	Prof. Dr. HANS-GEORG WERNER, Über die Modernität der literarischen Romantik in Deutschland	*In Vorbereitung*

Band 130

Heft 1	Prof. Dr. ERNST ULLMANN, Das Münchner Leonardo-Fragment und der Hauptaltar von SS. Annunziata in Florenz	*In Vorbereitung*

Einzel- oder Fortsetzungsbestellung durch eine Buchhandlung erbeten
Sitzungsberichte bis Band 108
durch das Zentralantiquariat der Deutschen Demokratischen Republik, Leipzig,
ab Band 109 durch die Universitätsbuchhandlung, 7010 Leipzig,
zum Teil noch lieferbar

AKADEMIE-VERLAG
Leipziger Straße 3–4, Berlin, DDR - 1086

ISBN 3-05-000866-0
ISSN 0138 3957

FSC
www.fsc.org
MIX
Papier | Fördert gute Waldnutzung
FSC® C083411

Kolibri 360 GmbH
Ferdinand-Jühlke-Straße 7
99095 Erfurt, Deutschland
produktsicherheit@kolibri360.de